# ÉLÉMENTS
# DE GÉOMÉTRIE
## DE BÉZOUT

RÉIMPRIMÉS

Conformément à l'arrêté du Ministre de l'Instruction publique

SUR LE TEXTE DE LA DERNIÈRE ÉDITION PUBLIÉE DU VIVANT DE L'AUTEUR ET SANS AUTRE MODIFICATION QUE L'INTRODUCTION DU SYSTÈME MÉTRIQUE ET LA SUBSTITUTION DES NOUVELLES MESURES AUX ANCIENNES

**PAR M. SAIGEY**

**L. HACHETTE ET C^ie**

LIBRAIRES DE L'UNIVERSITÉ ROYALE DE FRANCE

A PARIS
RUE PIERRE-SARRAZIN, N° 12
(Quartier de l'École de Médecine)

A ALGER
RUE DE LA MARINE, N° 117
(Librairie centrale de la Méditerranée)

1848

ÉLÉMENTS

# DE GÉOMÉTRIE

DE L'IMPRIMERIE DE CRAPELET

RUE DE VAUGIRARD, 9

# ÉLÉMENTS
# DE GÉOMÉTRIE
## DE BÉZOUT

RÉIMPRIMÉS

Conformément à l'arrêté du Ministre de l'Instruction publique

SUR LE TEXTE DE LA DERNIÈRE ÉDITION PUBLIÉE DU VIVANT DE L'AUTEUR
ET SANS AUTRE MODIFICATION QUE L'INTRODUCTION DU SYSTÈME
MÉTRIQUE ET LA SUBSTITUTION DES NOUVELLES MESURES
AUX ANCIENNES



PAR M. SAIGEY

L. HACHETTE ET Cie

LIBRAIRES DE L'UNIVERSITÉ ROYALE DE FRANCE

| A PARIS | A ALGER |
|---|---|
| RUE PIERRE-SARRAZIN, N° 12 | RUE DE LA MARINE, N° 117 |
| (Quartier de l'École de Médecine) | (Librairie centrale de la Méditerranée) |

1848

# ÉLÉMENTS

# DE GÉOMÉTRIE.

---

1. L'espace que les corps occupent a toujours les trois dimensions, *longueur, largeur* et *profondeur* ou *épaisseur*.

Quoique ces trois dimensions se trouvent toujours ensemble dans tout ce qui est corps, néanmoins nous les séparons assez souvent par la pensée : c'est ainsi que lorsque nous pensons à la profondeur d'une rivière, d'une rade, etc., nous ne sommes point occupés de sa longueur ni de sa largeur; pareillement, quand nous voulons juger de la quantité de vent qu'une voile peut recevoir, nous ne nous occupons que de sa longueur et de sa largeur, et point du tout de son épaisseur.

Nous distinguerons donc trois sortes d'étendue, savoir :

L'étendue en longueur seulement, que nous appellerons *ligne*.

L'étendue en longueur et largeur seulement, que nous nommerons *surface* ou *superficie*.

Enfin l'étendue en longueur, largeur et profondeur, que nous nommerons indifféremment *volume, solide, corps*.

Nous examinerons successivement les propriétés de ces trois sortes d'étendue; c'est là l'objet de la science qu'on appelle *Géométrie*.

# PREMIÈRE SECTION.

## DES LIGNES.

**2.** Les extrémités d'une ligne se nomment des *points*. On appelle aussi de ce nom les endroits où une ligne est coupée; ou encore ceux où des lignes se rencontrent.

On peut considérer le point comme une portion d'étendue qui aurait infiniment peu de longueur, de largeur et de profondeur.

La trace d'un point qui serait mû de manière à tendre toujours vers un seul et même point, est ce qu'on appelle une *ligne droite*. C'est le plus court chemin pour aller d'un point à un autre : AB (fig. 1) est une ligne droite.

On appelle au contraire *ligne courbe*, la trace d'un point qui, dans son mouvement, se détourne infiniment peu à chaque pas.

On voit donc qu'il n'y a qu'une seule espèce de ligne droite, mais qu'il y a une infinité d'espèces de courbes différentes.

**3.** Pour tracer une ligne droite d'une étendue médiocre, comme lorsqu'il s'agit de conduire par les deux points A et B (fig. 1) une ligne droite sur le papier; on sait qu'on emploie une règle qu'on applique sur les deux points A et B ou très-près, et à distances égales de ces deux points; et avec un crayon ou une plume qu'on fait glisser le long de cette règle, on trace la ligne AB.

Mais lorsqu'il s'agit de tracer une ligne un peu grande, on fixe au point A l'extrémité d'une ficelle que l'on frotte avec un morceau de craie; et appliquant un autre de ses points sur le point B, on pince la ficelle pour l'élever au-dessus de AB, et la laissant aller, elle marque, en s'appliquant sur la surface, une trace qui est la ligne droite dont il s'agit.

Quand il est question d'une ligne fort grande, mais dont les extrémités peuvent être vues l'une de l'autre, on se contente de marquer entre ces deux extrémités un certain nombre de points de cette ligne. Par exemple, lorsqu'on veut prendre des alignements sur le terrain, on place à l'une des extrémités B (fig. 2) un bâton ou jalon BD, que par le moyen d'un fil à plomb on rend le plus vertical que faire se peut ; on en fixe un autre de la même manière au point A ; et se plaçant à ce même point A, on fait placer successivement plusieurs autres jalons, à différents points C, C, etc., entre A et B, de manière qu'appliquant l'œil le plus près qu'il est possible du jalon AD, et regardant le jalon BD, celui CD dont il s'agit, paraisse confondu avec BD ; alors tous les points C, C, C, etc., déterminés de cette manière, sont dans la ligne droite AB.

Quand les deux extrémités A et B ne sont pas visibles l'une de l'autre, on a recours à des moyens que nous enseignerons par la suite.

4. Les lignes se mesurent par d'autres lignes, mais en général la mesure commune des lignes, c'est la ligne droite. Mesurer une ligne droite ou courbe, ou une distance quelconque, c'est chercher combien de fois cette ligne ou cette distance contient une ligne droite connue et déterminée que l'on considère alors comme unité. Cette unité est absolument arbitraire. Aussi y a-t-il bien des espèces de mesures différentes en fait de lignes.

5. Pour faciliter l'intelligence de ce que nous avons à dire sur les lignes, nous supposerons que les figures dans lesquelles nous les considérerons sont tracées sur une surface *plane*. On appelle ainsi une surface à laquelle on peut appliquer exactement une ligne droite dans tous les sens.

6. De toutes les lignes courbes, nous ne considérerons dans ces éléments que *la circonférence du cercle*. On appelle ainsi une ligne courbe BCFDG (fig. 3), dont tous les points sont également éloignés d'un même point A, pris dans le plan sur lequel elle est tracée. Le point A se nomme le *centre* ; les lignes droites AB, AC, AF, etc. qui vont de ce point à la circonférence se nomment *rayons*, et tous ces rayons sont égaux, puisqu'ils mesurent la distance du centre à chaque point de la circonférence.

Les lignes, comme BD, qui, passant par le centre, se terminent de part et d'autre à la circonférence, sont appellées *diamètres*. Comme chaque diamètre est composé de deux rayons, tous les diamètres sont donc égaux. Il est d'ailleurs évident que tout diamètre partage la circonférence en deux parties parfaitement égales ; car, si l'on conçoit la figure pliée de façon que le pli soit dans le diamètre BD, tous les points de BGD doivent s'appliquer sur BCED, sans quoi il y aurait des points de la circonférence qui seraient inégalement éloignés du centre.

Les portions BC, CE, ED, etc. de la circonférence se nomment *arcs;* et ce qu'on appelle *cercle,* c'est la surface même renfermée par la circonférence BCFDGB.

Une droite, comme DF, qui va de l'extrémité D d'un arc à l'autre extrémité F, s'appelle *corde* ou *soutendante* de cet arc.

**7.** Il est aisé de voir que les *cordes égales d'un même cercle ou de cercles égaux soutendent des arcs égaux, et réciproquement.* Car si la corde DG est égale à la corde DF, en imaginant qu'on transporte la corde DG et son arc, pour appliquer DG sur DF, il est visible que le point D étant commun, et le point G tombant alors sur le point F, tous les points de l'arc DG doivent tomber sur l'arc DF, puisque si quelqu'un de ces points ne tombait pas sur l'arc DF, l'arc DG n'aurait pas tous ses points également éloignés du centre A.

**8.** On est convenu de partager toute circonférence de cercle, grande ou petite, en 360 parties égales auxquelles on a donné le nom de *degrés;* on partage le degré en 60 parties égales qu'on appelle *minutes,* chaque minute en 60 parties égales qu'on appelle *secondes.*

La marque du degré est celle-ci °
celle de la minute ′
celle de la seconde ″

Ainsi, pour marquer 3 degrés 24 minutes 55 secondes, on écrit 3° 24′ 55″.

Cette division de la circonférence est admise généralement ; mais des vues de commodité dans la pratique ont introduit dans quelques parties des mathématiques pratiques quelques usages particuliers dans la manière de compter les degrés et parties de degré. Les astronomes, par exemple, comptent les degrés par trentaines, qu'ils appellent *signes ;* c'est-à-dire qu'ayant à compter 66° 42′ par exemple, comme ce nombre renferme 2 fois 30° et 6° 42′ de plus, ils compteraient 2 signes et 6° 42′, et ils écriraient 2ˢ 6° 42′.

Les marins, pour les usages de la boussole, partagent la circonférence en 32 parties égales, dont chacune se nomme *air* ou *rhumb* de vent; chacune de ces parties est donc la 32ᵉ partie de 360°, c'est-à-dire qu'elle est de 11° 15'; ainsi, au lieu de 45°, on dit 4 airs de vent, parce que 45° font 4 fois 11° 15'; pareillement, au lieu de 18° 27', on dirait 1 air de vent, et 7° 12'.

### DES ANGLES ET DE LEUR MESURE.

**9.** Deux lignes AB, AC qui se rencontrent, peuvent former entre elles une ouverture plus ou moins grande, comme on le voit dans les figures 4, 5, 6.

Cette ouverture BAC est ce qu'on appelle un *angle*, et cet angle est dit angle *rectiligne*, ou *curviligne*, ou *mixtiligne*, selon que les lignes qui le comprennent sont, ou toutes deux lignes droites, ou toutes deux lignes courbes, ou l'une une ligne droite, et l'autre une ligne courbe.

Nous ne parlons, pour le présent, que des angles rectilignes.

**10.** Pour se former une idée exacte d'un angle, il faut concevoir que la ligne droite AB était d'abord couchée sur AC, et qu'on l'a fait tourner sur le point A (comme une branche de compas sur sa charnière), pour l'amener dans la position AB qu'elle a actuellement. La quantité dont AB a tourné est précisément ce qu'on appelle un *angle*.

D'après cette idée on conçoit que la grandeur d'un angle ne dépend point de celle de ses côtés, en sorte que l'angle formé par les lignes AC, AB (fig. 4) est absolument le même que celui que forment les lignes AF et AE, qui sont une extension de celles-là; en effet, la ligne AB et la ligne AE ont dû tourner chacune de la même quantité, pour venir dans leur position actuelle.

Le point A, où se rencontrent les deux lignes AB, AC, s'appelle le *sommet de l'angle*, et les deux lignes AB, AC en sont les côtés.

Pour désigner un angle, nous emploierons trois lettres, dont l'une marque le sommet, et les deux autres sont placées le long des côtés; et en énonçant ces lettres, nous placerons toujours celle du sommet au milieu : ainsi, pour désigner l'angle compris par les deux lignes AB, AC, nous dirons l'angle BAC ou CAB.

Cette attention est principalement nécessaire lorsque plusieurs angles ont leur sommet au même point; car si, dans la figure 4 par exemple, on disait simplement l'angle A, on ne saurait si l'on veut parler de l'angle BAC ou de l'angle BAD; mais lorsqu'il n'y a qu'un seul angle, comme dans la figure 4*, on peut dire simplement l'angle *a*, c'est-à-dire le désigner par la lettre de son sommet.

**11.** Puisque l'angle BAC (fig. 4) n'est autre chose que la quantité dont le côté AB aurait dû tourner sur le point A pour venir de la position AC dans la position AB; et que, dans ce mouvement, chaque point de AB, le point B par exemple, restant toujours également éloigné de A, décrit nécessairement un arc de cercle qui augmente ou diminue précisément dans le même rapport que l'angle augmente ou diminue; il est naturel de prendre cet arc pour mesure de l'angle; mais comme chaque point de AB décrit un arc de longueur différente, ce n'est point la longueur même de l'arc qu'il faut prendre, mais le nombre de ses degrés et parties de degrés, qui sera toujours le même pour chaque arc décrit par chaque point de AB, puisque tous ces points commençant, continuant et finissant leur mouvement dans le même temps, font nécessairement le même nombre de pas; toute la différence qu'il y a, c'est que les points les plus éloignés du point A font des pas plus grands. Nous pouvons donc dire que

**12.** *Un angle quelconque* BAC (fig. 4) *a pour mesure le nombre des degrés et parties de degré de l'arc compris entre ses côtés, et décrit de son sommet comme centre.*

Ainsi, quand par la suite nous dirons : Un tel angle a pour mesure un tel arc, on doit entendre qu'il a pour mesure le nombre des degrés et parties de degré de cet arc.

**13.** Donc *pour diviser un angle en plusieurs parties égales*, il ne s'agit que de diviser l'arc qui lui sert de mesure en autant de parties égales, et de tirer par les points de division des lignes au sommet de cet angle. Nous parlerons plus bas de la division des arcs.

**14.** Et *pour faire un angle égal à un autre*, par exemple pour faire au point *a* de la ligne *ac* (fig. 4*), un angle égal à l'angle BAC (fig. 4), il faut, d'une ouverture de compas arbitraire et du point *a* comme centre, décrire un arc indéfini *cb*;

posant ensuite la pointe du compas sur le sommet A de l'angle donné BAC, on décrira, de la même ouverture, l'arc BC compris entre les deux côtés de cet angle; et ayant pris, avec le compas, la distance de C à B, on la portera de *c* en *b*, ce qui donnera le point *b*, par lequel et par le point *a* tirant la ligne *ab*, on aura l'angle *bac* égal à BAC.

En effet, l'angle *bac* a pour mesure *bc* (**12**) et l'angle BAC a pour mesure BC. Or ces deux arcs sont égaux, puisque appartenant à des cercles égaux, ils ont d'ailleurs des cordes égales (**7**), car la distance de *b* à *c* a été faite la même que celle de B à C.

**15.** L'angle BAC (fig. 5) se nomme angle droit, lorsque l'un AB de ses côtés ne penche ni vers l'autre côté AC, ni vers son prolongement AD.

On l'appelle angle *aigu* (fig. 4) lorsque l'un AB de ses côtés penche plus vers l'autre côté AC que vers son prolongement AD.

Enfin on l'appelle *obtus* (fig. 6) lorsqu'un côté AB penche plus vers le prolongement de l'autre côté AC que vers ce côté même.

**16.** Concluons de ce qui a été dit (**12**) sur la mesure des angles, 1° *qu'un angle droit a pour mesure* 90°; *un angle aigu, moins que* 90°; *et un angle obtus, plus que* 90°.

Car si la ligne AE (fig. 3) ne penche ni vers AB ni vers son prolongement AD, les deux angles BAE, DAE seront égaux; donc les arcs BE et DE, qui leur servent de mesure, seront aussi égaux; or ces deux arcs composant ensemble la demi-circonférence, valent ensemble 180°; donc chacun d'eux est de 90°; donc aussi les deux angles BAE, DAE sont chacun de 90°.

D'après cela il est évident que BAC est de moins, et BAF de plus que 90°.

**17.** 2° *Les deux angles* BAC, BAD (fig. 4, 5 et 6), *que forme une ligne droite* AB *tombant sur une autre droite* CD, *valent toujours ensemble* 180°. Car on peut toujours regarder le point A (fig. 4.), comme le centre d'un cercle, dont CD est alors un diamètre: or les deux angles BAC et BAD ont pour mesure les deux arcs BC et BD, qui composent la demi-circonférence; ils valent donc ensemble 180°, ou autant que deux angles droits.

**18.** 3° *Que si d'un même point* A (fig. 3), *on tire tant de droites* AC, AE, AF, AD, AG, etc. *qu'on voudra*; *tous les angles* BAC, CAE, EAF, FAD, DAG, GAB *qu'elles comprennent, ne feront jamais que* 360°. Car ils ne peuvent occuper plus que la circonférence.

**19.** Deux angles tels que BAC et BAD (fig. 4), qui pris ensemble font 180°, sont dits *supplément* l'un de l'autre; ainsi BAC est le supplément de BAD, et BAD est le supplément de BAC, parce que l'un de ces angles est ce qu'il faudrait ajouter à l'autre pour faire 180°.

Les angles égaux auront donc des suppléments égaux ; et ceux qui auront des suppléments égaux seront égaux.

**20.** Concluons de là que *les angles* BAC, EAD (fig. 7), *opposés au sommet et formés par les deux droites* BD *et* EC, *sont égaux*.

Car BAC a pour supplément CAD, et EAD a aussi pour supplément CAD.

**21.** On appelle *complément* d'un angle ou d'un arc, ce dont cet arc est plus petit ou plus grand que 90°. Ainsi (fig. 3), l'angle BAC a pour complément CAE; l'angle BAF a pour complément FAE. Le complément est donc ce qu'il faut ajouter à un angle, ou ce qu'il faut en retrancher, pour qu'il vaille 90°.

Les angles aigus qui auront des compléments égaux seront donc égaux, et réciproquement; il en sera de même des angles obtus.

On rencontre sans cesse les angles, tant dans la théorie que dans la pratique. Nous aurons assez d'occasions par la suite de nous convaincre qu'on les rencontre à chaque pas dans la théorie. Quant à la pratique, nous ferons remarquer que c'est par les angles qu'on juge de la route que suit un navire; qu'on distingue si un navire qu'on rencontre en mer, a le vent sur nous, ou si nous l'avons sur lui; c'est par les angles qu'on détermine les positions des objets, les uns à l'égard des autres; c'est en variant les angles que les voiles et le gouvernail font avec la quille, qu'on produit les différentes évolutions du navire, qu'on change sa route, et qu'on accélère ou qu'on retarde son mouvement. C'est encore par la mesure des angles qu'on parvient à déterminer en mer, en quel lieu on est.

Les instruments qui servent à mesurer les angles, ou à former des angles tels qu'on le juge à propos, sont en assez grand nombre; nous allons faire connaître les principaux.

**22.** L'instrument représenté par la figure 8, et qu'on appelle *rapporteur*, sert à mesurer les angles sur le papier, et à former sur le papier les angles dont on peut avoir besoin. L'usage en est commode et fréquent. C'est un demi-cercle de cuivre ou de corne, divisé en 180°. Le centre de cet instrument est marqué par une petite échancrure C. Quand on veut mesurer un angle tel que BAC (fig. 4, 5, 6, etc.) on applique le centre C sur le sommet A de l'angle qu'on veut mesurer, et le rayon CB du même instrument sur l'un AC des côtés de cet angle; alors le côté AB, prolongé s'il est nécessaire, fait connaître par celle des divisions de l'instrument, par laquelle il passe, de combien de degrés est l'arc du rapporteur compris entre les côtés de l'angle BAC, et par conséquent (12) de combien de degrés est cet angle BAC.

Pour faire, avec le même instrument, un angle d'un nombre déterminé de degrés, on applique le rayon CB de l'instrument sur la ligne qui doit servir de côté à l'angle qu'on veut former, et de manière que le centre C soit sur le point où cet angle doit avoir son sommet; puis cherchant sur les divisions de l'instrument, le nombre de degrés en question, on marque sur le papier un point en cet endroit; par ce point et par le sommet, on tire une ligne droite, qui fait alors avec la première l'angle demandé.

**23.** Pour mesurer les angles sur le terrain, on emploie l'instrument représenté par la figure 9; on le nomme *graphomètre*. C'est un demi-cercle divisé en 180°, et sur lequel on marque même les demi-degrés, selon la grandeur de son diamètre. Le diamètre DB fait corps avec l'instrument; mais le diamètre EC, qu'on nomme *alidade*, n'y est assujetti que par le centre A, autour duquel il peut tourner et parcourir par son extrémité C toutes les divisions de l'instrument. Chacun de ces deux diamètres est garni à ses deux extrémités, de pinnules, à travers lesquelles on regarde les objets. L'instrument est porté par un pied, et peut, sans rien changer à la position du pied, être incliné dans tous les sens, selon qu'on en a besoin.

Quand on veut mesurer l'angle que forment deux lignes droites tirées d'un point A où l'on est, à deux autres objets

F et G, on place le centre du graphomètre en A, et on dispose l'instrument de manière que regardant à travers les pinnules du diamètre fixe DAB, on aperçoive l'un F de ces deux objets, et qu'en même temps l'autre objet G se trouve dans le prolongement du plan de l'instrument, ce qu'on fait en inclinant plus ou moins le graphomètre; alors on fait mouvoir l'alidade EC, jusqu'à ce qu'on puisse apercevoir l'objet G à travers les pinnules E et C; l'arc BC, compris entre les deux diamètres, est alors la mesure de l'angle GAF.

On voit aussi, d'après ce que nous venons de dire, comment on peut former sur le terrain un angle d'un nombre déterminé de degrés. On fait le plus souvent sur la largeur, et à l'extrémité du diamètre mobile, des divisions qui, selon la manière dont elles correspondent aux divisions mêmes de l'instrument, servent à connaître les parties de degré de 5 en 5 minutes, ou de 3 en 3.

Cet instrument est aussi, le plus souvent, garni d'une *boussole* ordinaire ou simple : on la voit dans la même figure 9.

L'aiguille aimantée qui en fait la pièce principale, est soutenue en son milieu sur un pivot sur lequel elle a toute la mobilité possible. Comme sa propriété est de rester constamment dans une même position, ou d'y revenir quand elle en a été écartée (au moins dans un même lieu, et pendant un assez long intervalle de temps), on l'emploie utilement sur ces sortes d'instruments, pour déterminer la position des objets à l'égard des points cardinaux, ou à l'égard de la ligne nord et sud, avec laquelle elle fait toujours le même angle dans un même lieu. Sur le bord de la cavité qui renferme l'aiguille, on marque communément les 360° de la circonférence. Quand on tourne l'instrument, l'aiguille, par la propriété qu'elle a de revenir dans une même situation, marque par la nouvelle division à laquelle elle répond, de combien de degrés l'instrument a tourné.

On emploie aussi la boussole ordinaire sans le graphomètre, mais c'est seulement pour déterminer grossièrement les points de détail d'un plan ou d'une carte, dont les points principaux ont été fixés avec exactitude, de la manière que nous exposerons par la suite.

**24.** La *boussole marine*, ou le *compas de mer*, ou encore le *compas de variation* (fig. 10), ne diffère guère de la boussole ordinaire que par une suspension qui lui est propre, et qui a pour objet de faire que les parties de cette machine, qui servent à la mesure des angles, ne participent à d'autres mouvements du vaisseau qu'à ceux qu'il peut avoir pour tourner horizontalement. Lorsqu'elle n'est employée qu'à connaître la direction de la quille du vaisseau, on l'appelle *compas de route*. Elle est renfermée dans une espèce d'armoire qu'on appelle *habitacle*, et qui est située dans le sens de la largeur du vaisseau. L'aiguille n'est pas isolée sur son pivot comme dans la boussole ordinaire, elle serait trop sujette à vaciller; on la charge d'un morceau de mica taillé en rond, et collé entre deux morceaux de papier; et on trace dessus la rose des vents, c'est-à-dire qu'on en partage la circonférence en rhumbs de vent. On conçoit donc que si le vaisseau vient à tourner d'une certaine quantité, comme l'aiguille reste toujours ou revient toujours à la même situation, elle ne répondra plus au même point de l'habitacle : en observant donc quel est le rhumb de vent qui répond à celui qu'occupait d'abord l'aiguille, on connaîtra de combien le vaisseau a tourné. On pourra donc s'en servir pour ramener et retenir constamment le vaisseau dans une même direction.

Quand on emploie la boussole à *relever* des objets, c'est-à-dire à reconnaître l'*air de vent* auquel ils répondent, on l'appelle *compas de variation* : ce nom lui vient d'un autre usage dont ce n'est pas ici le lieu de parler. Alors on la garnit de deux pinnules A et B (fig. 10), par lesquelles on vise aux objets dont on veut connaître la situation. En mer, il faut deux observateurs; l'un qui tourne et ajuste le compas de variation de manière à apercevoir l'objet; et pendant ce temps, l'autre observe quelle est la position de l'aiguille à l'égard de la ligne DE qui est un fil tendu à angles droits sur la ligne qu'on conçoit passer par A et B.

## DES PERPENDICULAIRES ET DES OBLIQUES.

**25.** Nous avons dit (15) que la ligne AB (fig. 5), qui ne penche ni vers AC ni vers AD, formait avec ces deux parties des angles qu'on appelle *droits*.

Cette même ligne AB est aussi ce qu'on appelle *une perpendiculaire* à la ligne AC ou DC, ou AD.

D'après cette définition, on doit regarder comme vérités évidentes les trois propositions suivantes.

**26.** 1° *Quand une ligne* AB (fig. 11) *est perpendiculaire sur une autre ligne* CD, *celle-ci est aussi perpendiculaire sur la ligne* AB.

Car lorsque AB est perpendiculaire sur CD, les angles AEC, AED sont égaux; or AED est égal à BEC (**20**); donc AEC est égal à BEC; donc la ligne CE ou CD ne penche ni vers AE, ni vers BE; donc elle est perpendiculaire à AB.

**27.** 2° *D'un même point* E, *pris dans une ligne* CD, *on ne peut élever qu'une seule perpendiculaire à cette ligne.*

**28.** 3° *Et d'un même point* A, *pris hors d'une ligne* CD, *on ne peut abaisser qu'une seule perpendiculaire à cette ligne.*

Car on conçoit qu'il n'y a qu'un seul cas où une ligne passant par le point E ou par le point A, puisse ne pencher ni vers ED, ni vers EC.

**29.** *Les lignes qui partant du point* A *s'écarteront également de la perpendiculaire, seront égales; et plus ces lignes s'écarteront de la perpendiculaire, plus elles seront longues; et par conséquent la perpendiculaire est la plus courte de toutes.*

Supposons que EG soit égale à EF; si l'on renverse la figure AEG sur la figure AEF, la ligne AE restant commune à toutes les deux, il est clair qu'à cause de l'angle AEG égal à AEF, la ligne EG s'appliquera sur EF, et que le point G tombera sur le point F, puisque EG est supposée égale à EF; donc AG s'appliquera exactement sur AF; donc ces deux lignes sont égales. Quant à la seconde partie de la proposition, il est évident que le point C de la ligne CE, étant supposé plus loin de AB que le point F de la même ligne CE, est nécessairement plus éloigné de tel point de AB qu'on voudra que le point F ne peut l'être du même point; donc AC est plus grande que AF; donc aussi la perpendiculaire est la plus courte de toutes.

**30.** Les lignes AF, AC, AG sont dites *obliques* à l'égard de la perpendiculaire AE et de la ligne CD; et en général une ligne est oblique à une autre quand elle fait avec cette autre un angle ou aigu ou obtus.

**31.** Puisque (**29**) les obliques AF, AG sont égales lorsqu'elles s'éloignent également de la perpendiculaire, il faut en conclure que, *lorsqu'une ligne est perpendiculaire sur le milieu* E *d'une autre ligne* FG, *chacun de ses points est autant éloigné de l'extrémité* F *que de l'extrémité* G. Car il est évident que ce qu'on a dit du point A s'applique également à tout autre point de la ligne AE ou AB.

**32.** Il n'est pas moins évident qu'*il n'y a que les points de la perpendiculaire* AE *sur le milieu de* FG *qui puissent être également éloignés de* F *et de* G ; car tout point qui sera à droite ou à gauche de la perpendiculaire est évidemment plus près de l'un de ces points que de l'autre.

Donc, pour qu'une ligne soit perpendiculaire sur une autre, il suffit qu'elle passe par deux points dont chacun soit également éloigné de deux points pris dans cette autre.

**33.** Concluons de là, 1° que *pour élever une perpendiculaire sur le milieu d'une ligne* AB (fig. 12), il faut poser une pointe du compas en B, et d'une ouverture plus grande que la moitié de AB tracer un arc IK ; poser ensuite la pointe du compas en A, et de la même ouverture tracer un arc LM qui coupe le premier au point C, qui sera également éloigné de A et de B. On déterminera ensuite de la même manière un autre point D, soit au-dessous soit au-dessus de AB, en prenant la même ou une autre ouverture de compas. Enfin on tirera par les deux points C et D la ligne CD, qui (32) sera perpendiculaire sur le milieu de AB.

**34.** 2° *Si d'un point* E, *pris hors de la ligne* AB (fig. 13), *on veut mener une perpendiculaire à cette ligne*, on placera la pointe du compas en E, et d'une ouverture plus grande que la plus courte distance à la ligne AB, on tracera avec l'autre pointe deux petits arcs qui coupent AB aux points C et D ; puis de ces deux points comme centres, et d'une ouverture de compas plus grande que la moitié de CD, on tracera deux arcs qui se coupent en un point F, par lequel et par le point E on tirera la ligne EF, qui sera perpendiculaire sur AB (32), puisqu'elle aura deux points E et F également éloignés chacun des deux points C et D de la ligne AB.

**35.** Si le point E par lequel on veut que la perpendiculaire passe était sur la ligne même AB, on opérerait encore de la même manière (voy. fig 14).

Enfin, si le point E était tellement placé qu'on ne pût marquer commodément qu'un des deux points C ou D, on prolongerait la ligne AB, et on opérerait encore de même. Voyez fig. 15 et 16. La figure 16 est pour le cas où l'on veut élever une perpendiculaire à l'extrémité de la ligne AB.

## DES PARALLÈLES.

**36.** Deux lignes droites tracées sur un même plan sont dites *parallèles* lorsqu'elles ne peuvent jamais se rencontrer, à quelque distance qu'on les imagine prolongées.

Deux lignes parallèles ne font donc point d'angle entre elles.

Donc deux parallèles sont partout également éloignées l'une de l'autre; car il est évident que si en quelque endroit elles se trouvaient plus près qu'en un autre, elles seraient inclinées l'une à l'autre, et par conséquent elles pourraient enfin se rencontrer.

D'après ces notions, il est aisé d'établir les cinq propositions suivantes :

**37.** 1° *Lorsque deux lignes parallèles* AB *et* CD (fig. 17) *sont coupées par une troisième ligne* EF (*qu'on appelle alors* SÉCANTE), *les angles* BGE *et* DHE, *ou* AGH *et* CHF *qu'elles forment d'un même côté avec cette ligne sont égaux*. Car les lignes AB et CD n'ayant aucune inclinaison entre elles (36), doivent nécessairement être également inclinées d'un même côté, chacune, à l'égard de toute ligne à laquelle on les comparera.

**38.** 2° *Les angles* AGH, GHD *sont égaux*; car on vient de voir que AGH est égal à CHF; or CHF (20) est égal à GHD; donc AGH est égal à GHD.

**39.** 3° *Les angles* BGE, CHF *sont égaux*; car BGE est égal à AGH (20); or on a vu (37) que AGH est égal à CHF; donc BGE est égal à CHF.

**40.** 4° *Les angles* BGH *et* DHG, *ou* AGH *et* CHG *sont supplément l'un de l'autre*; car BGH est supplément de BGE qui (37) est égal à DHG.

**41.** 5° *Les angles* BGE *et* DHF, *ou* AGE *et* CHF *sont supplément l'un de l'autre*; car DHF a pour supplément DHG qui (37) est égal à BGE.

**42.** Chacune de ces cinq propriétés a toujours lieu, lorsque deux lignes parallèles sont rencontrées par une troisième; et réciproquement, *toutes les fois que deux lignes droites auront, dans leur rencontre avec une troisième, l'une quelconque de ces cinq propriétés, on doit conclure qu'elles sont parallèles*; cela se démontre d'une manière absolument semblable.

On a donné aux angles dont nous venons d'examiner les propriétés, des noms qui peuvent servir à fixer ces propriétés dans la mémoire. Les angles BGE, FHC se nomment *alternes-externes*, parce qu'ils sont de différents côtés de la ligne EF, et qu'ils sont tous deux hors des parallèles. Les angles AGH, GHD s'appellent *alternes-internes*, parce qu'ils sont de différents côtés de la ligne EF, et tous deux entre les parallèles. Les angles BGH, DHG s'appellent *internes d'un même côté*, parce qu'ils sont entre les parallèles, et d'un même côté de la sécante EF. Enfin les angles BGE, DHF se nomment *externes d'un même côté*, parce qu'ils sont hors des parallèles et d'un même côté de la sécante.

**43.** Des propriétés que nous venons de démontrer, on peut conclure, 1° que *si deux angles* ABC, DEF (fig. 18), *tournés d'un même côté, ont leurs côtés parallèles, ils sont égaux*. Car si l'on imagine le côté DE prolongé jusqu'à ce qu'il rencontre BC en G, les angles ABC, DGC seront égaux (37); et par la même raison l'angle DGC sera égal à l'angle DEF; donc ABC est égal à DEF.

**44.** 2° Que *pour mener par un point donné* C, *une ligne* CD (fig. 19) *parallèle à une ligne* AB, il faut, par le point C, tirer arbitrairement la ligne indéfinie CEF qui coupe AB en un point quelconque E; mener, selon ce qui a été enseigné (14), par le point C, la ligne CD qui fasse avec CE l'angle ECD égal à l'angle FEB que celle-ci fait avec AB; la ligne CD tirée de cette manière sera parallèle à AB (37).

Au reste chacune des cinq propriétés, établies ci-dessus, peut fournir une manière de mener une parallèle.

**45.** Les perpendiculaires et les parallèles, dont nous venons de parler successivement, sont d'un usage très-fréquent dans toutes les parties pratiques des mathématiques. Les perpendiculaires sont nécessaires dans la mesure des surfaces et des solidités ou capacités des corps; elles reviennent à chaque pas dans toutes les opérations de l'architecture navale. Comme l'angle droit est facile à construire, on fait, autant qu'on le peut, dépendre la construction des figures, plutôt des perpendiculaires que de toute autre ligne.

Les parallèles, outre leur grand usage dans la théorie, pour démontrer facilement un grand nombre de propositions, sont la base de plusieurs opérations utiles. On les emploie beaucoup dans le pilotage, principalement pour marquer, sur les cartes marines, la route qu'a tenue un vaisseau pendant sa navigation, ce qu'on appelle *pointer* ou *faire le point*. Nous en dirons un mot par la suite.

### DES LIGNES DROITES CONSIDÉRÉES PAR RAPPORT A LA CIRCONFÉRENCE DU CERCLE, ET DES CIRCONFÉRENCES DE CERCLE CONSIDÉRÉES LES UNES A L'ÉGARD DES AUTRES.

46. La courbure uniforme du cercle met en droit de conclure, sans qu'il soit besoin d'en donner une démonstration rigoureuse,

1° Que *une ligne droite ne peut rencontrer une circonférence en plus de deux points.*

2° Que *dans un même demi-cercle, la plus grande corde soutend toujours le plus grand arc, et réciproquement.*

On appelle en général *sécante* (fig. 20) toute ligne, comme DE, qui rencontre le cercle en deux points, et qui est en partie au dehors : et on appelle *tangente*, celle qui ne fait que s'appliquer contre la circonférence : telle est AB.

47. *Une tangente ne peut rencontrer la circonférence qu'en un seul point.* Car si elle la rencontrait en deux points, elle entrerait dans le cercle, puisque de ces deux points il serait possible de tirer au centre deux rayons ou lignes égales, entre lesquelles on peut toujours concevoir une perpendiculaire sur la ligne qui joint ces deux points ; et comme cette perpendiculaire (29) est plus courte que chacun des deux rayons, on voit que la tangente aurait des points plus près du centre que ceux où elle rencontre le cercle ; elle entrerait donc dans le cercle, ce qui est contre la définition que nous venons d'en donner.

La tangente n'ayant qu'un point de commun avec le cercle, il s'ensuit que le rayon CA (fig. 21) qui va au point d'attouchement, est la plus courte ligne qu'on puisse tirer du centre à la tangente ; que par conséquent (29) il est perpendiculaire à la tangente. Donc réciproquement *la tangente en un point quelconque* A *du cercle, est perpendiculaire à l'extrémité du rayon* CA *qui passe par ce point.*

48. On voit donc que *pour mener une tangente à un point donné* A *sur le cercle*, il faut tirer à ce point un rayon CA, et mener à son extrémité une perpendiculaire, suivant la méthode donnée (35).

49. Donc *si plusieurs cercles* (fig. 22) *ont leurs centres sur la même ligne droite* CA, *et passent tous par le même point* A, *ils auront tous pour tangente commune la ligne* TG *perpendiculaire à* CA, *et se toucheront par conséquent tous.*

50. Ainsi, *pour décrire un cercle d'une grandeur déterminée, et qui touche un cercle donné* BAD (fig. 23) *en un point donné* A, il faut, par le centre C et par le point A, tirer le rayon CA qu'on prolongera indéfiniment; puis du point A vers T ou vers V (selon qu'on voudra que l'un des cercles embrasse l'autre ou ne l'embrasse point) porter la grandeur du rayon du second cercle; après quoi, du centre T ou V, et du rayon TA ou VA, on décrira la circonférence EF.

51. *La perpendiculaire élevée sur le milieu d'une corde, passe toujours par le centre du cercle et par le milieu de l'arc soutendu par cette corde* (fig. 24).

Car elle doit passer par tous les points également éloignés des extrémités A et B (32); or il est évident que le centre est également éloigné des deux extrémités A et B, qui sont deux points de la circonférence; donc elle passe par le centre.

Il n'est pas moins évident qu'elle doit passer par le milieu de l'arc; car si E est le milieu de l'arc, les arcs égaux AE, BE ayant des cordes égales (7), le point E est également éloigné de A et de B; donc la perpendiculaire doit passer par le point E.

52. Le centre, le milieu de l'arc et le milieu de la corde, étant tous trois sur une même ligne droite, toutes les fois qu'une ligne droite passera par deux de ces trois points, on pourra conclure qu'elle passe par le troisième.

Et comme on ne peut mener qu'une seule perpendiculaire sur le milieu de la corde, on doit encore conclure que si une perpendiculaire sur une corde, passe par l'un quelconque de ces trois points, elle passe nécessairement par les deux autres.

De ces propriétés on peut conclure :

**53.** 1° *Le moyen de diviser un angle ou un arc en deux parties égales.*

Pour diviser l'angle BAC (fig. 25) en deux parties égales, on décrira de son sommet A comme centre, et d'un rayon arbitraire, l'arc DE; puis des points D et E pris successivement pour centres, et d'un même rayon, on tracera deux arcs qui se coupent en un point G, par lequel et par le point A on tirera AG qui (32) étant perpendiculaire sur le milieu de la corde DE, divisera en deux parties égales l'arc DIE (31) et par conséquent aussi l'angle BAC, puisque les deux angles partiels BAG, CAG ont (12) pour mesure les deux arcs égaux DI, EI.

**54.** 2° *Le moyen de faire passer une circonférence de cercle par trois points donnés qui ne soient pas en ligne droite.*

Soient A, B, C (fig. 26) ces trois points; en tirant les lignes droites AB, BC, elles seront deux cordes du cercle qu'il s'agit de décrire.

Élevez une perpendiculaire (35) sur le milieu de AB; faites la même chose sur le milieu de BC; le point I, où se couperont ces deux perpendiculaires, sera le centre. Car ce centre doit être sur DE (31); et par la même raison il doit être sur FG; il doit donc être à leur rencontre I, qui est le seul point commun qu'aient ces deux lignes.

**55.** S'il était question de *retrouver le centre d'un cercle ou d'un arc déjà décrit*, on voit donc qu'il n'y aurait qu'à marquer trois points à volonté sur cet arc, et opérer comme on vient de l'enseigner.

**56.** Puisqu'on ne trouve qu'un seul point I qui satisfasse à la question, il faut en conclure que par trois points donnés on ne peut faire passer qu'un seul cercle, et par conséquent que *deux circonférences de cercle ne peuvent se rencontrer en trois points sans se confondre.*

**57.** 3° *Le moyen de faire passer par un point donné* B (fig. 27 et 28) *une circonférence de cercle qui en touche une autre dans un point donné* A.

Il faut, par le centre C de la circonférence donnée, et par

le point A où l'on veut qu'elle soit touchée, tirer le rayon CA qu'on prolongera de part ou d'autre, selon qu'il sera nécessaire; joindre le point A au point B par lequel on veut que passe la circonférence cherchée, et élever sur le milieu de AB une perpendiculaire MN, qui coupera AC ou son prolongement en D. Ce point D sera le centre, et AD ou BD sera le rayon du cercle demandé; car, puisque la circonférence qu'on veut décrire doit passer par le point A et par le point B, son centre doit être sur MN (51); d'ailleurs, puisque cette même circonférence doit toucher en A, son centre doit être sur CA (49) ou sur son prolongement; il est donc au point d'intersection de CA et de MN.

58. Si, au lieu d'une circonférence, c'était une ligne droite qu'il s'agît de faire toucher en un point donné A (fig. 29) par un cercle passant par un point donné B, l'opération serait la même, avec cette seule différence que la ligne AC serait une perpendiculaire élevée au point A sur cette droite.

59. 4° *Deux cordes parallèles* AB, CD (fig. 30) *interceptent entre elles des arcs égaux* AC, BD.

Car la perpendiculaire GI qu'on abaisserait du centre G sur AB, doit (51) diviser en deux parties égales chacun des deux arcs AIB, CID, puisqu'elle sera en même temps perpendiculaire sur AB et sur la parallèle CD; donc si des arcs égaux AI, BI, on retranche les arcs égaux CI, DI, les arcs restants AC, BD doivent être égaux.

Concluons de là que, quand une tangente HK est parallèle à une corde AB, le point d'attouchement I est précisément au milieu de l'arc AIB.

60. Les propositions que nous avons établies (50, 57 et 58) ont leur application dans l'architecture navale ou la construction des navires; il y est souvent question d'arcs qui doivent se toucher ou toucher des lignes droites et passer par des points donnés. Ce que nous avons dit peut faciliter l'intelligence de quelques-unes des méthodes qu'on y prescrit. L'architecture civile fait aussi assez souvent usage d'arcs qui se touchent.

61. La dernière proposition que nous venons de démontrer peut, entre autres usages, servir à mener une parallèle à une ligne donnée.

### DES ANGLES CONSIDÉRÉS DANS LE CERCLE.

**62.** Nous avons vu ci-dessus (**12**) quelle est en général la mesure des angles. Ce que nous nous proposons ici n'est point de donner une nouvelle manière de les mesurer, mais d'établir quelques propriétés qui peuvent nous être fort utiles par la suite, tant pour exécuter certaines opérations que pour faciliter quelques démonstrations.

**63.** *Un angle* MAN (fig. 31 et 32) *qui a son sommet à la circonférence, et qui est formé par deux cordes ou par une tangente et par une corde, a toujours pour mesure la moitié de l'arc* BFED *compris entre ses côtés.*

Menez par le centre C le diamètre FH parallèle au côté AM, et le diamètre GE parallèle au côté AN; l'angle MAN (**43**) est égal à l'angle FCE; il aura donc la même mesure que celui-ci qui a son sommet au centre, c'est-à-dire qu'il aura pour mesure l'arc FE; il ne s'agit donc que de faire voir que l'arc FE est la moitié de l'arc BFED. Or BF est égal à AH (**59**) à cause des parallèles AM, HF; et à cause des parallèles AN et GE, l'arc ED est égal à AG; donc ED plus BF valent AG plus AH, c'est-à-dire GH; mais GH, comme mesure de l'angle GCH, doit être égal à FE, mesure de l'angle FCE qui (**20**) est égal à GCH; donc BF plus ED valent FE; donc FE est la moitié de BFED; donc l'angle MAN a pour mesure la moitié de l'arc BFED qu'il comprend entre ses côtés.

Cette démonstration suppose que le centre soit entre les côtés de l'angle, ou sur l'un des deux côtés; mais si le centre était hors des côtés, comme il arrive pour l'angle MAL (fig. 32), il n'en serait pas moins vrai que cet angle aurait pour mesure la moitié de l'arc BL compris entre ses côtés; car en imaginant la tangente AN, l'angle BAL vaut LAN moins MAN; il a donc pour mesure la différence des mesures de ces deux angles, c'est-à-dire (puisque le centre est entre leurs côtés) la moitié de LEA moins la moitié de BEA, ou la moitié de BL.

**64.** Donc : 1° *tous les angles* BAE, BCE, BDE (fig. 33) *qui, ayant leur sommet à la circonférence, comprendront entre leurs côtés le même arc ou des arcs égaux, seront égaux;* car ils auront chacun pour mesure la moitié du même arc BE (**63**).

**65.** 2° *Tout angle* BAC (fig. 34) *qui aura son sommet à la circonférence, et dont les côtés passeront par les extrémités d'un diamètre, sera droit ou de* 90°; car il comprendra alors entre ses côtés la demi-circonférence BOC, qui est de 180°; et comme il doit en avoir la moitié pour mesure (63), il sera donc de 90°.

**66.** La proposition qu'on vient de démontrer (65) peut, entre plusieurs autres usages, avoir les deux suivants :

**67.** 1° *Pour élever une perpendiculaire à l'extrémité* B *d'une ligne* FB (fig. 35), lorsqu'on ne peut prolonger assez cette ligne pour exécuter commodément ce qui a été enseigné (35); voici le procédé :

D'un point D pris à volonté hors de la ligne FB, et d'une ouverture égale à la distance DB, décrivez la circonférence ABCH qui coupe FB en quelque point A; par ce point et par le centre D, tirez le diamètre ADC; du point C, où ce diamètre coupe la circonférence, menez au point B la ligne CB; elle sera perpendiculaire à FB, car l'angle CBA, qu'elle forme avec FB, a son sommet à la circonférence, et ses côtés passent par les extrémités du diamètre AC; cet angle est donc droit (65); donc CB est perpendiculaire sur FB.

**68.** 2° *Pour mener d'un point donné* E (fig. 36), *hors du cercle* ABD, *une tangente à la circonférence de ce cercle*, joignez le centre C et le point E par la droite CE : décrivez sur CE comme diamètre la circonférence CAED; elle coupera la circonférence ABD en deux points A et D, par chacun desquels et par le point E, tirant les lignes DE et AE, vous aurez les deux tangentes qu'on peut mener du point E à la circonférence ABD.

Pour se convaincre que ces lignes sont tangentes, il n'y a qu'à tirer les rayons CD et CA; les deux angles CDE, CAE ont chacun leur sommet à la circonférence ACDE, et les deux côtés de chacun passent par les extrémités du diamètre CE; donc (65) ces angles sont droits; donc DE et AE sont perpendiculaires à l'extrémité des rayons CD et CA; donc (47) ces lignes sont tangentes en D et en A.

**69.** Si l'on prolonge le côté BA (fig. 31) indéfiniment vers I, on aura un angle NAI qui aura aussi son sommet à la circonférence; cet angle, qui n'est point formé par deux cordes, mais seulement par une corde et par le prolongement d'une autre corde, n'aura point pour mesure la moitié de l'arc AD compris entre ses côtés, mais la moitié de la somme des deux arcs AD et AB soutendus par le côté AD et par le côté AI prolongé; car DAI valant avec DAB deux angles droits, ces deux angles doivent avoir ensemble pour mesure la moitié de la circonférence; or on vient de voir (65) que DAB avait pour mesure la moitié de DB, donc DAI a pour mesure la moitié de AD et la moitié de AB.

**70.** *Un angle* BAC (fig. 37) *qui a son sommet entre le centre et la circonférence, a pour mesure la moitié de l'arc* BC *compris entre ses côtés, plus la moitié de l'arc* DE *compris entre ces mêmes côtés prolongés.*

Du point D, où CA prolongé rencontre la circonférence, tirez DF parallèle à AB; l'angle BAC est égal à FDC (**37**), et aura par conséquent la même mesure que celui-ci, c'est-à-dire la moitié de l'arc FBC (65), ou la moitié de BC plus la moitié de BF; ou (à cause que (59) BF est égal à DE), la moitié de BC plus la moitié de DE.

**71.** *Un angle* BAC (fig. 38) *qui a son sommet hors du cercle, a pour mesure la moitié de l'arc concave* BC, *moins la moitié de l'arc convexe* ED *compris entre ses côtés.*

Du point D où CA rencontre la circonférence, tirez DF parallèle à AB.

L'angle BAC est égal à FDC (**37**); il aura donc même mesure que celui-ci, c'est-à-dire la moitié de CF, ou la moitié de CB moins la moitié de BF, ou (à cause que BF est (59) égal à ED) la moitié de CB moins la moitié de ED.

**72.** On voit donc que quand les côtés d'un angle interceptent un arc de circonférence, si cet angle a pour mesure la moitié de l'arc compris entre ses côtés, il a nécessairement son sommet à la circonférence; car s'il l'avait ailleurs, les propositions démontrées (**70** et **71**) feraient voir qu'il n'a point la moitié de cet arc pour mesure. Donc, de quelque façon qu'on pose un même angle, si ses côtés (fig. 33) passent toujours par les mêmes points B et E de la circonférence, son sommet sera toujours sur quelque point de la circonférence. Donc, si deux règles AM, AN (fig. 39) fixement attachées l'une à l'autre roulent ensemble dans un même plan, en touchant continuellement deux points fixes B et C, le sommet A décrira la circonférence d'un cercle qui passera par les deux points B et C.

Ceci peut servir, 1° *à décrire un cercle qui passe par trois points données* B, A, C (fig. 39) *lorsqu'on ne peut approcher du centre*. Il faudra joindre le point A aux deux points B et C par deux règles AM, AN. Fixer ces deux règles de manière qu'elles ne puissent s'écarter l'une de l'autre; alors en faisant mouvoir l'angle BAC de manière que les règles AM, AN touchent toujours les points B et C, le sommet A décrira la circonférence demandée.

2° *A décrire un arc de cercle d'un nombre de degrés proposé, et qui passe par deux points donnés* B *et* C, ce qui peut être nécessaire dans la pratique.

Pour cet effet, on retranchera de 360° le nombre des degrés que cet arc doit avoir, et ayant pris la moitié du reste, on ouvrira les deux règles, de manière qu'elles fassent un angle égal à cette moitié. Fixant alors les deux règles l'une à l'autre, et les faisant tourner autour de deux pointes fixées en B et C, l'arc BAC que le sommet décrira dans ce mouvement sera du nombre de degrés proposé.

Il est facile de voir pourquoi on fait l'angle BAC égal à la moitié du reste; c'est qu'il a pour mesure la moitié de BC qui est la différence entre la circonférence entière et l'arc BAC.

### DES LIGNES DROITES QUI RENFERMENT UN ESPACE.

75. Le moindre nombre des lignes droites qu'on puisse employer pour renfermer un espace est trois, et alors cet espace se nomme *triangle rectiligne* ou simplement *triangle*. ABC (fig. 40) est un triangle, parce que c'est un espace renfermé par trois lignes droites, ou plus exactement parce que c'est une figure qui n'a que trois angles.

Il est évident que dans tout triangle la somme de deux côtés pris comme on le voudra est toujours plus grande que le troisième. AB plus BC, par exemple, valent plus que AC, parce que AC étant la ligne droite qui va de A à C est le plus court chemin pour aller d'un de ces points à l'autre.

Un triangle dont les trois côtés sont égaux se nomme triangle *équilatéral* (fig. 41).

Celui dont deux côtés seulement sont égaux se nomme triangle *isoscèle* (fig. 42).

Et celui dont dont les trois côtés sont inégaux se nomme triangle *scalène* (fig. 40).

**74.** *La somme des trois angles de tout triangle rectiligne vaut deux angles droits ou* 180°.

Prolongez indéfiniment le côté AC vers E (fig. 40), et concevez la ligne CD parallèle au côté AB.

L'angle BAC est égal à l'angle DCE (**37**), puisque les lignes AB et CD sont parallèles. L'angle ABC est égal à l'angle BCD par la seconde propriété des parallèles (**38**); donc les deux angles BAC et ABC valent ensemble autant que les deux angles BCD et DCE, c'est-à-dire autant que l'angle BCE; mais BCE est supplément (**17** et **19**) de BCA; donc les deux angles BAC et ABC forment ensemble le supplément de BCA; donc ces trois angles valent ensemble 180°.

**75.** La démonstration que nous venons de donner prouve donc en même temps que *l'angle extérieur* BCE *d'un triangle* ABC *vaut la somme de deux intérieurs* BAC *et* ABC *qui lui sont opposés.*

Concluons de ce qu'on vient de dire (**74**), 1° qu'*un triangle rectiligne ne peut avoir qu'un seul angle qui soit droit*, et alors on l'appelle triangle *rectangle* (fig. 43);

2° Qu'à plus forte raison *il ne peut avoir qu'un seul angle qui soit obtus*; dans ce cas on l'appelle triangle *obtusangle* (fig 44);

3° Mais *il peut avoir tous ses angles aigus*; et alors il est dit triangle *acutangle* (fig. 45);

4° Que *connaissant deux angles, ou seulement la somme de deux angles d'un triangle, on connaît le troisième angle*, en retranchant de 180° la somme des deux angles connus;

5° Que *lorsque deux angles d'un triangle sont égaux à deux angles d'un autre triangle, le troisième angle de chacun est nécessairement égal*, puisque les trois angles de chaque triangle valent 180°;

6° Que *les deux angles aigus d'un triangle rectangle sont toujours complément* (**21**) *l'un de l'autre*; car dès que l'un des angles du triangle est de 90°, il ne reste plus que 90° pour les deux autres ensemble.

**76.** Nous avons vu ci-dessus (**54**) qu'on pouvait toujours faire passer une circonférence de cercle par trois points qui ne sont pas en ligne droite; concluons-en que

*On peut toujours faire passer une circonférence de cercle par les sommets des trois angles d'un triangle.* On appelle cela *circonscrire* un cercle à un triangle.

**77.** De là il est aisé de conclure, 1° *que si deux angles d'un triangle sont égaux, les côtés qui leur sont opposés seront aussi égaux;* et réciproquement, *si deux côtés d'un triangle sont égaux, les angles opposés à ces côtés seront égaux.*

Car en faisant passer une circonférence par les trois angles A, B, C (fig. 46), si les angles ABC, ACB sont égaux, les arcs ADC, AEB, dont les moitiés leur servent de mesure (**63**), seront nécessairement égaux; donc (7) les cordes AC, AB seront égales. Et réciproquement, si les côtés AC, AB sont égaux, les arcs ADC, AEB seront égaux; donc les angles ABC, ACB, qui ont pour mesure la moitié de ces arcs, seront égaux.

Donc les trois angles d'un triangle équilatéral seront égaux, et valent par conséquent chacun le tiers de 180° ou 60°.

**78.** 2° *Dans un même triangle* ABC (fig. 47), *le plus grand côté est opposé au plus grand angle, le plus petit côté au plus petit angle, et réciproquement.*

Car si l'angle ABC est plus grand que l'angle ACB, l'arc AC sera plus grand que l'arc AB, et par conséquent la corde AC plus grande que la corde AB. La réciproque se démontre de même.

### DE L'ÉGALITÉ DES TRIANGLES.

**79.** Il y a plusieurs propositions dont la démonstration est fondée sur l'égalité de certains triangles qu'on y considère; il est donc à propos d'établir ici les caractères auxquels on peut reconnaître cette égalité. Ils sont au nombre de trois.

**80.** *Deux triangles sont égaux quand ils ont un angle égal compris entre deux côtés égaux chacun à chacun.*

Que l'angle B du triangle BAC (fig. 48) soit égal à l'angle E du triangle EDF (fig. 49), que le côté AB soit égal au côté DE et le côté BC égal au côté EF, voici comment on peut se convaincre que ces deux triangles sont égaux.

Concevez la figure ABC appliquée sur la figure DEF, de manière que le côté AB soit exactement appliqué sur son égal DE; puisque l'angle B est égal à l'angle E, le côté BC tombera sur EF, et le point C tombera sur le point F, puisque BC est supposé égal à EF. Le point A étant sur D et le point C sur F, il est donc évident que AC s'applique exactement sur DF, et que par conséquent les deux triangles conviennent parfaitement.

Donc pour construire un triangle dont on connaîtrait deux côtés et l'angle compris, on tirera (fig. 49) une ligne DE égale à l'un des côtés connus; sur cette ligne on fera (14) un angle DEF égal à l'angle connu, et ayant fait EF égal au second côté connu, on tirera DF, ce qui achèvera le triangle demandé.

**81**. *Deux triangles sont égaux quand ils ont un côté égal, adjacent à deux angles égaux chacun à chacun.*

Que le côté AB (fig. 48) soit égal au côté DE (fig. 49), l'angle B égal à l'angle E, et l'angle A égal à l'angle D.

Concevez le côté AB appliqué exactement sur le côté DE, BC se couchera sur le côté EF, puisque l'angle B est égal à l'angle E; pareillement, puisque l'angle A est égal à l'angle D, le côté AC se couchera sur DE; donc AC et BC se rencontreront au point F; donc les deux triangles sont égaux.

Donc pour construire un triangle dont on connaîtrait un côté et les deux angles adjacents, on tirera (fig. 49) une ligne DE égale au côté connu; aux extrémités de cette ligne, on fera (14) les angles E et D égaux aux deux angles connus; alors les côtés EF, DF de ces angles termineront, par leur rencontre, le triangle demandé.

**82**. La proposition (81) peut servir à démontrer que *les parties* AC, BD (fig. 50) *de deux parallèles interceptées entre deux autres parallèles* AB, CD, *sont égales.*

Abaissez les deux perpendiculaires AE, BF, les angles AEC, BFD sont égaux, puisqu'ils sont droits; et à cause des parallèles AC et BD, AE et BF, l'angle EAC est égal à l'angle FBD (45). D'ailleurs AE est égal à BF (56); donc les deux triangles AEC, BFD sont égaux, puisqu'ils ont un côté égal adjacent à deux angles égaux chacun à chacun; donc AC est égal à BD.

On démontrera de même que si AC est égal et parallèle à BD, AB sera égal et parallèle à CD; car outre le côté AC égal à BD, et l'angle droit en E ainsi qu'en F, l'angle ACE sera égal à BDF, puisque AC est parallèle à BD (57); donc (75) le troisième angle EAC sera égal au troisième angle DBF; donc les deux triangles auront un côté égal, adjacent à deux angles égaux chacun à chacun; donc ils seront égaux; donc AE est égal à BF, et par conséquent les deux lignes sont parallèles; or de là et de ce qu'on vient de démontrer (82), il s'ensuit que AB est égal à CD.

83. *Deux triangles sont égaux lorsqu'ils ont les trois côtés égaux chacun à chacun.*

Que le côté AB (fig. 48) soit égal au côté DE (fig. 49), le côté BC égal au côté EF, et le côté AC égal au côté DF.

Concevez le côté AB exactement appliqué sur DE, et le plan BAC couché sur le plan de la figure DEF; je dis que le point C tombe sur le point F.

Décrivez des points D et E comme centres et des rayons DF et EF les deux arcs IK et HG qui se coupent en F; il est évident que le point C doit tomber sur quelque point de IK, puisque AC est égal à DF; par une semblable raison, le point C doit tomber sur quelque point de GH, puisque BC est égal à EF; il doit donc tomber sur le point F, qui est le seul point commun que ces deux arcs puissent avoir d'un même côté de DE; donc les deux triangles conviennent parfaitement, et sont par conséquent égaux.

Donc pour construire un triangle dont on connaîtrait les trois côtés, il faut (fig. 49) tirer une droite DE égale à l'un des côtés connus; du point D comme centre, et d'un rayon égal au second côté connu, décrire l'arc IK; pareillement du point E comme centre, et d'un rayon égal au troisième côté connu, décrire l'arc GH; enfin, du point d'intersection F, tirer aux points D et E les droites FD et FE.

## DES POLYGONES.

84. Une figure de plusieurs côtés, s'appelle en général un *polygone*.

Lorsqu'elle a 3 côtés, on l'appelle *triangle* ou *trilatère*;
lorsqu'elle en a 4 *quadrilatère*;
5 *pentagone*;
6 *hexagone*;
7 *heptagone*;
8 *octogone*;
9 *ennéagone*;
10 *décagone*.

Nous n'étendons pas davantage la liste de ces noms, parce qu'une figure est aussi bien désignée en énonçant le nombre de ses côtés, qu'en employant ces différents noms, dont le grand nombre chargerait assez inutilement la mémoire; nous n'exposons ceux-ci que parce qu'ils se rencontrent plus fréquemment que les autres.

On appelle angle *saillant*, celui dont le sommet est hors de la figure; la figure 51 a tous ses angles saillants.

L'angle *rentrant* est, au contraire, celui dont le sommet entre dans la figure; l'angle CDE (fig. 52) est un angle rentrant.

On appelle *diagonale* une ligne tirée d'un angle à un autre dans une figure quelconque. AD, AC (fig. 51) sont des diagonales.

**85.** *Tout polygone peut être partagé, par des diagonales menées d'un de ses angles, en autant de triangles moins deux qu'il a de côtés.*

L'inspection des figures 51 et 52 suffit pour faire sentir que cela est vrai généralement.

**86.** Donc *pour avoir la somme de tous les angles intérieurs d'un polygone quelconque, il faut prendre* 180° *autant de fois moins deux qu'il y a de côtés.*

Car il est évident que la somme des angles intérieurs des polygones ABCDE (fig. 51) et ABCDEF (fig. 52) est la même que celle des angles des triangles ABC, ACD, etc. Or la somme des trois angles de chacun de ces triangles est de 180°; il faut donc prendre 180° autant de fois qu'il y a de triangles, c'est-à-dire (**85**) autant de fois moins deux qu'il y a de côtés.

Remarque. Dans la figure 52, l'angle CDE, pour être compris dans la proposition précédente, doit être compté, non pas pour la partie CDE extérieure au polygone, mais pour la partie CDE composée des angles ADE, ADC; c'est un angle de plus de 180°, et qu'on ne doit pas moins considérer comme angle, que tout autre angle au-dessous de 180°. Car un angle n'est en général (**10**) que la quantité dont une ligne a tourné autour d'un point fixe; et soit qu'elle tourne de plus ou de moins que 180°, la quantité dont elle a tourné est toujours un angle.

**87.** *Si l'on prolonge dans le même sens tous les côtés d'un polygone qui n'a point d'angles rentrants, la somme de tous les* *angles extérieurs vaudra* 360°, *quelque nombre de côtés qu'ait le polygone* (voy. fig. 51).

Car chaque angle extérieur est le supplément de l'angle intérieur qui lui est contigu; ainsi les angles, tant intérieurs qu'extérieurs, valent autant de fois 180° qu'il y a de côtés; mais (86) les intérieurs ne diffèrent de cette somme que de deux fois 180° ou 360°; il reste donc 360° pour les angles extérieurs.

**88.** On appelle polygone *régulier*, celui qui a tous ses angles égaux et tous ses côtés égaux (voy. fig. 53).

Il est donc toujours facile de savoir combien vaut chaque angle intérieur d'un polygone régulier; car ayant trouvé par la proposition enseignée (86) combien valent ensemble tous les angles intérieurs, il n'y aura qu'à diviser cette valeur totale par le nombre des côtés. Par exemple, si l'on demande combien vaut chaque angle intérieur d'un pentagone régulier; comme il y a 5 côtés, je prends 180°, 5 fois moins deux, c'est-à-dire 3 fois; ce qui donne 540° pour la valeur des 5 angles intérieurs; donc puisqu'ils sont tous égaux, chacun doit valoir la cinquième partie de 540°, c'est-à-dire 108°.

**89.** De la définition du polygone régulier, il suit qu'*on peut toujours faire passer une même circonférence de cercle par tous les angles d'un polygone régulier*.

Car il est prouvé (54) qu'on peut faire passer une circonférence de cercle par les trois points A, B, C (fig, 53); or je dis qu'elle passe aussi par l'extrémité du côté CD; en effet, il est facile de prouver que le point D où cette circonférence doit rencontrer le côté CD, est éloigné de C d'une quantité égale à BC; car l'angle ABC étant égal à BCD, les arcs AEC, BFD, dont les moitiés servent de mesure à ces angles (63), doivent être égaux; retranchant de chacun l'arc commun AFED, les arcs restants CD et AB doivent être égaux; donc aussi (7) les cordes CD et AB sont égales; donc le point D où le côté CD est rencontré par la circonférence qui passe par A, B, C, est le même que le sommet de l'angle du polygone. On démontrera la même chose des angles E et F.

**90.** On voit donc que *pour circonscrire un cercle à un polygone régulier, la question se réduit à faire passer un cercle par les* *sommets de trois de ses angles*, ce qui se fait de la manière enseignée (**54**).

**91**. *Toutes les perpendiculaires abaissées du centre d'un polygone régulier sur les côtés, sont égales.* Car ces perpendiculaires OH, OL devant tomber sur le milieu de chaque côté (**52**), les lignes AH et AL seront égales; or, AO est commun aux deux triangles OHA et OLA; d'ailleurs, à cause des triangles ABO, AOF, qui ont tous leurs côtés égaux chacun à chacun, les angles OAH, OAL sont égaux; donc les deux triangles OAH, OAL, qui ont un angle égal compris entre deux côtés égaux chacun à chacun, sont égaux (**80**). Donc OH est égal à OL.

Donc, si d'un rayon égal à l'une de ces perpendiculaires, on décrit une circonférence, elle touchera tous les côtés. Cette circonférence est dite *inscrite* au polygone.

Les perpendiculaires OH, OL s'appellent chacune l'*apothème* du polygone.

**92**. Il est clair que si du centre du polygone régulier on tire des lignes à tous les angles, ces lignes comprendront entre elles des angles égaux, puisque ces angles auront pour mesure des arcs qui sont soutendus par des cordes égales; donc *pour avoir l'angle au centre d'un polygone régulier, il faut diviser* 360° *par le nombre des côtés*. Car ces angles égaux ont tous ensemble pour mesure la circonférence entière. Par exemple, pour l'hexagone, chaque angle au centre sera la sixième partie de 360°, c'est-à-dire sera de 60°.

**93**. Donc *le côté de l'hexagone est égal au rayon du cercle circonscrit*. Car en tirant les rayons AO et BO, le triangle AOB sera isoscèle, et par conséquent (**77**) les deux angles BAO et ABO seront égaux; or, comme l'angle AOB est de 60°, les deux autres doivent valoir ensemble 120° (**75**); donc chacun d'eux est de 60°; les trois angles sont donc égaux, et par conséquent le triangle est équilatéral (**77**); donc AB est égal au rayon AO.

**94**. Nous n'en dirons pas davantage sur les polygones réguliers, dont les autres propriétés sont d'ailleurs très-faciles à déduire de celles qu'on vient d'exposer; la seule chose que nous ajouterons, est l'usage de la dernière proposition pour la division de la circonférence de 15 en 15 degrés.

On tirera deux diamètres AB, DE (fig. 54) perpendiculaires l'un à l'autre, et ayant pris une ouverture de compas égale au rayon CE, on la portera successivement de E en F, et de A en G; le quart de circonférence AE sera, par ce moyen, divisé en trois parties égales AF, FG, GE; car puisqu'on a pris le rayon pour l'ouverture du compas, il suit de ce qui vient d'être dit (93) que l'arc EF est de 60°; or EA est de 90°, donc AF est de 30°. Par la même raison AG est de 60°; et comme AE est de 90°, GE est donc de 30°; enfin, si de l'arc total AE de 90°, vous retranchez les arcs AF et GE qui valent ensemble 60°, l'arc restant FG sera de 30°. Ayant ainsi divisé le quart de circonférence en arcs de 30°, il sera facile d'avoir l'arc de 15°, en divisant en deux parties égales, chacun des arcs AF, FG, et GE par la méthode donnée (53). On fera les mêmes opérations sur chacun des trois autres quarts AD, DB et BE.

Si on voulait conduire cette division jusqu'à l'arc de 1°, il faudrait y aller par tâtonnement, car il n'y a pas de méthode géométrique pour cela. Il y a cependant une méthode géométrique pour venir directement jusqu'à l'arc de 3°, mais comme les propositions qui y conduisent ne peuvent nous être d'aucune autre utilité, nous n'en parlerons point.

Remarquons seulement que ce que nous entendons ici par opérations géométriques, ce sont celles dans lesquelles la chose dont il s'agit peut être exécutée par un nombre *déterminé* d'opérations faites avec la règle et le compas seuls.

## DES LIGNES PROPORTIONNELLES.

95. Avant que d'entrer en matière sur ce qui regarde les lignes proportionnelles, nous placerons ici quelques propositions sur les proportions, qui sont une suite immédiate de ce que nous avons enseigné dans l'arithmétique. Mais, pour abréger le discours, nous conviendrons, pour l'avenir, que lorsque deux quantités devront être ajoutées l'une à l'autre, nous indiquerons cette opération par ce signe +, qui équivaudra au mot *plus* : ainsi 4 + 3 signifiera 4 plus 3, ou 4 ajouté à 3, ou 3 ajouté à 4. Pareillement, pour marquer la soustraction, nous nous servirons de ce signe —, qui équivaudra au mot *moins* : ainsi 5 — 2 signifiera 5 moins 2, ou qu'on doit retrancher 2 de 5. Comme il n'est pas toujours question de faire réellement les opérations, mais de raisonner sur des circonstances de ces opérations, il est souvent plus utile de les représenter que d'en donner le résultat.

Pour marquer la multiplication, nous nous servirons de ce signe ×, qui équivaudra à ces mots *multiplié par* : ainsi 5 × 4 signifiera 5 multiplié par 4.

Et pour marquer la division, nous ferons comme en arithmétique : nous écrirons le dividende et le diviseur en forme de fraction, dont le dividende sera numérateur et le diviseur dénominateur; ainsi $\frac{12}{7}$ marquera 12 divisé par 7.

Cela posé, nous avons vu (*Arithm.*, **185**) que, dans toute proportion, la somme des antécédents est à la somme des conséquents comme un antécédent est à son conséquent, et qu'il en est de même de la différence des antécédents comparée à celle des conséquents.

**96**. Nous pouvons donc conclure de là que, *dans toute proportion, la somme des antécédents est à la somme des conséquents comme la différence des antécédents est à la différence des conséquents*; car, puisque dans la proportion 48 : 16 :: 12 : 4, par exemple, on a (*Arithm.*, **185**)

$$48 + 12 : 16 + 4 :: 12 : 4$$

et

$$48 - 12 : 16 - 4 :: 12 : 4$$

il est évident (à cause du rapport commun de 12 : 4) qu'on peut conclure 48 + 12 : 16 + 4 :: 48 — 12 : 16 — 4. Le raisonnement est le même pour toute autre proportion.

**97**. On peut donc, en mettant dans cette dernière proportion le 3e terme à la place du second, et le second à la place du 3e, ce qui est permis (*Arithm.*, **182**), dire aussi que *la somme des antécédents est à leur différence comme la somme des conséquents est à leur différence.*

**98**. Si, dans la proportion 48 : 16 :: 12 : 4, on échange les places des deux moyens, ce qui donnera 48 : 12 :: 16 : 4, et qu'on applique à celle-ci la proposition qu'on vient de démontrer (**96**), on aura 48 + 16 : 12 + 4 :: 48 — 16 : 12 — 4, qui, à l'égard de la proportion 48 : 16 :: 12 : 4, fournit cette proposition : *la somme des deux premiers termes d'une proportion est à la somme des deux derniers termes, comme la différence des deux premiers est à la différence des deux derniers*; ou (en mettant le troisième terme à la place du second, et le second à la place du troisième) *la somme des deux premiers termes est à leur différence, comme la somme des deux derniers est à leur différence.*

**99**. *Si un rapport est composé du produit de plusieurs autres* *rapports, on peut, à chacun des rapports composants, substituer un rapport exprimé par d'autres termes, pourvu que ces deux termes aient le même rapport que ceux auxquels on les substituera.*

Par exemple, dans le rapport de $6 \times 10 : 2 \times 5$, on peut, au lieu des facteurs 6 et 2, substituer 3 et 1, ce qui donnera le rapport composé $3 \times 10 : 1 \times 5$, qui est le même que le rapport $6 \times 10 : 2 \times 5$. En effet, puisque $6 : 2 :: 3 : 1$, on peut, sans changer cette proportion (*Arithm.*, **185**), multiplier les antécédents par 10 et les conséquents par 5, et alors on aura $6 \times 10 : 2 \times 5 :: 3 \times 10 : 1 \times 5$.

Il est facile de voir que ce raisonnement s'applique à tout autre rapport.

**100.** Si deux, ou un plus grand nombre de proportions, sont telles que dans le premier rapport de l'une, l'antécédent se trouve égal au conséquent de l'autre, on pourra, lorsqu'il s'agira de multiplier ces proportions par ordre, omettre les termes qui se trouveront communs d'antécédent à conséquent; par exemple, si on a les deux proportions

$$6 : 4 :: 12 : 8$$
$$4 : 3 :: 20 : 15$$

on pourra conclure $6 : 3 :: 12 \times 20 : 8 \times 15$.

Car quand on admettrait le multiplicateur commun 4, le rapport de $6 \times 4$ à $4 \times 3$ qu'on aurait alors, ne différerait pas du rapport de 6 à 3 (*Arithm.*, **170**) que l'on a en omettant ce facteur.

De même si on a

$$6 : 4 :: 12 : 8$$
$$4 : 3 :: 20 : 15$$
$$3 : 7 :: 21 : 49$$

on en conclura $6 : 7 :: 12 \times 20 \times 21 : 8 \times 15 \times 49$.

La même chose aura lieu pour les seconds rapports et par la même raison.

Cette observation est utile pour trouver le rapport de deux quantités, lorsque ce rapport doit être composé; parce qu'alors on compare chacune de ces quantités à d'autres quantités qu'on emploie comme auxiliaires, et qui ne doivent plus rester après la démonstration.

Nous allons maintenant transporter aux lignes les connaissances que nous avons tirées des nombres sur les proportions.

Mais pour rendre nos démonstrations plus courtes et plus générales, nous ne donnerons aucune valeur particulière à ces lignes, sinon dans quelques applications; au reste on peut toujours s'aider par des comparaisons avec des nombres.

Les rapports que nous considérons ici sont les rapports géométriques. Ainsi quand nous dirons une telle ligne est à une telle ligne, comme 5 est à 4 par exemple, on doit entendre que la première contient la seconde autant que 5 contient 4.

**101**. *Si sur un des côtés* AZ *d'un angle quelconque* ZAX (fig. 55) *on marque les parties égales* AB, BC, CD, DE, etc. *de telle grandeur et en tel nombre qu'on voudra; et si après avoir tiré à volonté, par l'un* F *des points de division, la ligne* FL *qui rencontre le côté* AX *en* L, *on mène par les autres points de division, les lignes* BG, CH, DI, EK etc. *parallèles à* FL; *je dis que les parties* AG, GH, HI, etc. *du côté* AX *seront aussi égales entre elles.*

Menons par les points G, H, I, etc. les lignes GM, HN, IO, etc. parallèles à AZ; les triangles ABG, GMH, HNI, IOK, etc. seront tous égaux entre eux; car 1° les lignes GM, HN, IO, etc. sont chacunes égales à AB, puisque (**82**) elles sont égales à BC, CD, DE, etc; 2° les angles GMH, HNI, IOK, etc, sont tous égaux entre eux, puisqu'ils sont tous égaux à l'angle ABG (**45**); 3° les angles MGH, NHI, OIK, etc. sont tous égaux entre eux, puisqu'ils sont tous égaux à l'angle BAG (**45**).

Tous les triangles BAG, MGH, NHI, etc. ont donc un côté égal adjacent à deux angles égaux chacun à chacun; ils sont donc tous égaux; donc les côtés AG, GH, HI, etc. de ces triangles sont tous égaux entre eux; donc la ligne AX est en effet divisée en parties égales par les parallèles.

Il est donc évident que si AB est telle partie que ce soit de AG, BC sera une semblable partie de GH, CD sera une semblable partie de HI, etc.; si par exemple AB est les $\frac{2}{3}$ de AG, BC sera les $\frac{2}{3}$ de GH, et ainsi de suite.

Il en sera de même de 2, 3, 4, etc. parties de AF comparées à 2, 3, 4, etc. parties de AL; donc une portion quelconque AD ou DF de la ligne AF, est même partie de la portion correspondante AI ou IL de la ligne AL, que AB l'est de AG, c'est-à-dire que

$$AD : AI :: AB : AG$$

et

$$DF : IL :: AB : AG.$$

On peut dire de même que AF : AL :: AB : AG.

Donc (à cause du rapport de AB : AG commun à ces trois proportions) on peut dire que

AD : AI :: DF : IL

et AD : AI :: AF : AL.

**102.** *Donc si par un point* D (fig. 56) *pris à volonté sur un des côtés* AF *d'un triangle* AFL, *on mène une ligne* DI *parallèle au côté* FL ; *les deux côtés* AF, AL *seront coupés proportionnellement*, c'est-à-dire qu'on aura toujours

AD : AI :: DF : IL

et AD : AI :: AF : AL ;

ou bien, en échangeant les places des deux moyens (*Arithmétique*, 182),

AD : DF :: AI : IL

et AD : AF :: AI : AL,

quel que soit d'ailleurs l'angle FAL.

En effet on peut toujours concevoir le côté AF coupé en tel nombre de parties égales qu'on voudra, et par conséquent en un nombre infini de parties égales : or dans ce cas le point D ne pouvant manquer d'être un des points de division, le raisonnement de l'article précédent s'applique ici mot à mot.

**103.** Donc 1° *Si d'un point* A *pris à volonté hors de la ligne* GL (fig. 57) *on tire à différents points de cette ligne plusieurs lignes* AG, AH, AI, AK, AL, *toute parallèle* BF *à la ligne* GL *coupera toutes ces lignes en parties proportionnelles*, c'est-à-dire qu'on aura

AB : BG :: AC : CH :: AD : DI :: AE : EK :: AF : FL

et AB : AG :: AC : AH :: AD : AI :: AE : AK :: AF : AL.

Car en considérant successivement les angles GAH, GAI, GAK, GAL, comme on a fait l'angle FAL dans la figure 56, on démontrera de la même manière que tous ces rapports sont égaux.

**104.** 2° *La ligne* AD (fig. 56*) *qui divise en deux parties égales un angle* BAC *d'un triangle, coupe le côté opposé* BC *en deux parties* BD, DC, *proportionnelles aux côtés correspondants* AB, AC, *c'est-à-dire de manière qu'on a* BD : DC :: AB : AC.

Car si par le point B on mène BE parallèle à AD, et qui rencontre CA prolongé en E, les lignes CE, CB, étant alors coupées proportionnellement (**102**), on aura BD : CD :: AE : AC.

Or il est facile de voir que AE est égale à AB; car, à cause des parallèles AD et BE, l'angle E est égal à l'angle DAC (**37**), et l'angle EBA est égal à son alterne BAD (**38**); donc, puisque DAC et BAD sont égaux comme étant les moitiés de BAC, les angles E et EBA seront égaux; donc les côtés AE et AB sont aussi égaux; donc la proportion BD : CD :: AE : AC se change en celle-ci

BD : CD :: AB : AC.

**105.** *Si on coupe les lignes* AF *et* AL (fig. 56) *proportionnellement aux points* D *et* I, *c'est-à-dire de manière que* AF : AD :: AL : AI, *la ligne* DI *sera parallèle à* FL.

Car la partie de AL que couperait la parallèle menée du point D, doit (**102**) être contenue dans AL autant que AD l'est dans AF; or, par la supposition, AI est contenue dans AL précisément ce même nombre de fois; donc cette partie ne peut être autre que AI.

**106.** Donc *si on coupe proportionnellement aux points* B, C, D, E, F (fig. 57), *les lignes* AG, AH, AI, AK, AL, *menées du point* A *à différents points de la ligne* GL, *la ligne* BCDEF, *qui passera par tous ces points, sera une ligne droite parallèle à* GL.

**107.** Les propositions enseignées (**102** et suiv.) sont également vraies lorsque la ligne BF, au lieu d'être entre le point A et la ligne GL, comme dans la figure 57, tombe au delà du point A, comme dans la figure 58. Car tout ce qui a été dit de la figure 55, et qui sert de base aux propositions établies (**102** et suiv.), aurait également lieu pour les parallèles qui couperaient ZA et XA prolongées dans la figure 55.

### DE LA SIMILITUDE DES TRIANGLES.

**108.** On appelle côtés *homologues* de deux triangles, ou en général de deux figures semblables, ceux qui ont des positions semblables, chacun dans la figure à laquelle il appartient.

**109.** *Deux triangles qui ont les angles égaux chacun à chacun, ont les côtés homologues proportionnels, et sont par conséquent semblables.*

Si les deux triangles ADI, AFL (fig. 59 et 60) sont tels que l'angle A du premier soit égal à l'angle A du second, l'angle D égal à l'angle F, et l'angle I égal à l'angle L, je dis qu'on aura AD : AF :: AI : AL :: DI : FL.

Car puisque l'angle A du premier est égal à l'angle A du second, on peut appliquer ces deux triangles l'un sur l'autre de la manière représentée dans la figure 56; alors, puisque l'angle D est égal à l'angle F, les lignes DI et FL seront parallèles (42); donc, selon ce qui a été dit (102), on aura AD : AF :: AI : AL.

Tirons maintenant, par le point I, la droite IH parallèle à AF; selon ce qui a été dit (102), on voit que AI : AL :: FH : FL (ou à cause que FH est égal (82) à DI :: DI : FL; donc AD : AF :: AI : AL :: DI : FL.

Comme on peut échanger les places des moyens, on peut dire aussi AD : AI :: AF : AL, et AI : DI :: AL : FL.

**110.** Puisque (74) lorsque deux angles d'un triangle sont égaux à deux angles d'un autre triangle, le troisième angle est nécessairement égal au troisième angle, concluons-en que *deux triangles sont semblables lorsqu'ils ont deux angles égaux chacun à chacun.*

**111.** On a vu (45) que deux angles qui ont les côtés parallèles, et qui sont tournés d'un même côté, sont égaux; donc *deux triangles qui ont les côtés parallèles ont les angles égaux chacun à chacun, et ont par conséquent* (109) *les côtés proportionnels.*

Donc *aussi deux triangles qui ont les côtés perpendiculaires chacun à chacun, ont aussi ces mêmes côtés proportionnels*; car si on fait faire un quart de révolution à l'un de ces triangles, ses côtés deviendront parallèles à ceux du second.

**112.** *Si de l'angle droit* A *d'un triangle rectangle* BAC fig. 43), *on abaisse une perpendiculaire* AD *sur le côté opposé* BC (*qu'on appelle* hypoténuse), 1° *les deux triangles* ADB, ADC *seront semblables entre eux et au triangle* BAC; 2° *la perpendiculaire* AD *sera moyenne proportionnelle entre les deux parties* BD *et* DC *de l'hypoténuse*; 3° *chaque côté* AB *ou* AC *de l'angle droit sera moyen proportionnel entre l'hypoténuse et le segment correspondant* BD *ou* DC.

Car les deux triangles ADB, ADC ont chacun un angle droit

en D, comme le triangle BAC en a un en A; d'ailleurs ils ont de plus chacun un angle commun avec ce même triangle BAC, puisque l'angle B appartient tout à la fois au triangle ADB et au triangle BAC; pareillement l'angle C appartient tout à la fois au triangle ADC et au triangle BAC; donc (**110**) ces trois triangles sont semblables. Donc (**109**) comparant les côtés homologues des deux triangles ADB et ADC, on aura

BD : AD :: AD : DC.

Comparant les côtés homologues des deux triangles ADB, BAC, on aura

BD : AB :: AB : BC.

Enfin, comparant les côtés homologues des triangles ADC et BAC, on aura

CD : AC :: AC : BC,

où l'on voit que AD est (*Arith.*, **174**) moyenne proportionnelle entre BD et DC; AB moyenne proportionnelle entre BD et BC, et enfin AC moyenne proportionnelle entre CD et BC.

**113.** *Deux triangles qui ont un angle égal, compris entre deux côtés proportionnels, ont aussi les deux autres angles égaux, et sont par conséquent semblables.*

Si les deux triangles ADI, AFL (fig. 59 et 60) sont tels que l'angle A du premier soit égal à l'angle A du second, et qu'en même temps les côtés qui comprennent ces angles soient tels qu'on ait AD : AF :: AI : AL; je dis qu'ils seront semblables, c'est-à-dire qu'ils auront les autres angles égaux chacun à chacun, et leurs troisièmes côtés DI et FL en même rapport que AD et AF, ou que AI et AL.

Car on peut appliquer l'angle A du triangle ADI sur l'angle A du triangle AFL, de la manière représentée par la figure 56. Or, puisqu'on suppose que AD : AF :: AI : AL, les deux droites AF et AL sont donc coupées proportionnellement aux points D et I; donc DI est parallèle à FL (**105**); donc (**57**) l'angle AFL est égal à l'angle ADI, et l'angle ALF est égal à l'angle AID.

De là et de ce qui a été dit (**109**), il suit que

DI : FL :: AD : AF :: AI : AL.

**114.** *Deux triangles qui ont leurs trois côtés homologues proportionnels, ont les angles égaux à chacun, et sont par conséquent semblables.*

Si on suppose (fig. 61 et 62) que DE : AB :: EF : BC :: DF : AC, je dis que l'angle D est égal à l'angle A, l'angle E égal à l'angle B, et l'angle F égal à l'angle C.

Imaginons qu'on ait construit sur DE un triangle DGE, dont l'angle DEG soit égal à l'angle B, et l'angle GDE à l'angle A; le triangle DEG sera semblable au triangle ABC (**110**); donc (**109**) DE : AB :: GE : BC :: DG : AC; mais par la supposition on a DE : AB : EF : BC :: DF : AC; donc à cause du rapport commun de DE : AB, on aura ces deux proportions :

GE : BC :: EF : BC

et DG : AC :: DF : AC.

Donc, puisque les deux conséquents sont égaux entre eux dans chacune de ces deux proportions, les antécédents seront aussi égaux entre eux; donc GE est égal à EF, et DG égal à DF. Le triangle DEG a donc ses trois côtés égaux à ceux du triangle DEF; il est donc (**83**) égal à ce triangle DEF; or on vient de voir que le triangle DEG est semblable à ABC; donc DEF est aussi semblable à ABC.

**115.** Nous avons prouvé ci-dessus (**111**) que quand la ligne DI (fig. 56) est parallèle au côté FL, les deux triangles ADI, AFL sont semblables; comme cette vérité a lieu, de quelque grandeur que puisse être l'angle A, on doit donc conclure (fig. 57) que les triangles AGB, AHI, AIK, AKL, sont semblables aux triangles ABC, ACD, ADE, AEF chacun à chacun, et que par conséquent (**109**)

KL : EF :: AK : AE :: KI : DE :: AI : AD :: IH : CD :: AH : AC :: GH : BC;

donc, en ne tirant de cette suite de rapports que ceux qui renferment des parties des lignes GL et BF, on aura

KL : EF :: KI : DE :: IH : CD :: GH : BC;

c'est-à-dire que, *si d'un point A on tire à différents points d'une ligne droite GL plusieurs autres lignes droites, ces lignes couperont toute parallèle à GL, de la même manière qu'elles coupent GL, c'est-à-dire en parties qui auront entre elles les mêmes rapports que les parties correspondantes de GL.*

**116.** Les principes que nous venons d'exposer sont la base de toutes les parties des mathématiques théoriques ou pratiques. Comme il importe de se rendre ces principes familiers, nous insisterons un peu sur leur usage, tant par cette vue, que parce que cela nous fournira l'occasion d'expliquer plusieurs pratiques utiles.

**117.** La proposition enseignée (**101**) fournit un moyen bien naturel de diviser une ligne donnée en parties égales, ou en parties qui aient entre elles des rapports donnés. Supposons que AR (fig. 55) soit une ligne qu'on veut diviser en deux parties qui aient entre elles un rapport donné, par exemple celui de 7 à 3; on tirera par le point A, et sous tel angle qu'on voudra, une ligne indéfinie AZ, et ayant pris arbitrairement une ouverture de compas AB, on la portera dix fois le long de AZ; je suppose que Q soit l'extrémité de la dernière partie; on joindra les extrémités Q et R de la ligne AQ et de la ligne donnée AR; alors si par le point D, extrémité de la 3<sup>e</sup> division, on tire DI parallèle à QR, la ligne AR sera divisée en deux parties RI et AI qui seront entre elles :: 7 : 3, car (**101** et **102**) elles sont entre elles :: DQ : AD, que l'on a faites de 7 et de 3 parties.

On voit par là que si l'on voulait diviser la ligne AR en un plus grand nombre de parties, par exemple en 5 parties, qui fussent entre elles comme les nombres 7, 5, 4, 3, 2 : on ajouterait tous ces nombres entre eux, ce qui donnerait 21; on porterait 21 ouvertures de compas sur la ligne AZ, et on tirerait des parallèles à la ligne QR par les extrémités de la 7<sup>e</sup>, 5<sup>e</sup>, 4<sup>e</sup>, 3<sup>e</sup>, 2<sup>e</sup> division.

**118.** Si les rapports étaient donnés en lignes, on mettrait toutes ces lignes bout à bout sur la ligne AZ.

On voit donc ce qu'il y aurait à faire, si l'on voulait diviser la ligne AR en parties égales.

Mais quand les parties de la ligne qu'on doit diviser doivent être petites, ou quand cette ligne elle-même est petite, le plus léger défaut dans les parallèles influe beaucoup sur l'égalité ou l'inégalité des parties, c'est pourquoi il ne sera pas inutile d'exposer la méthode suivante.

**119.** *fg* (fig. 63) est la ligne qu'il s'agit de diviser en parties égales, en 6 par exemple : on tirera une ligne indéfinie BC sur laquelle on portera 6 fois de suite une même ouverture de compas arbitraire : soit BC la ligne qui comprend ces six parties; on décrira sur BC un triangle équilatéral BAC, en décrivant des deux points B et C comme centres, et de l'intervalle BC comme rayon, deux arcs qui se coupent en A. Sur les côtés AB, AC, on prendra les parties AF, AG égales chacune à *fg*; et ayant tiré FG, cette ligne sera égale à *fg*; on mènera du point A à tous les points de division de BC, des lignes droites qui couperont FG de la même manière que BC est coupée.

Car les lignes AF, AG étant égales entre elles, et les lignes AB, AC aussi égales entre elles, on a AB : AF :: AC : AG; donc AB, AC sont coupées proportionnellement en F et G; donc FG est parallèle à BC, et par conséquent (**111**) le triangle FAG est semblable à ABC; donc FAG est équilatéral; donc FG est égal à AF, et par conséquent à *fg*; de plus FG étant parallèle à BC, ces deux lignes (**115**) doivent être coupées proportionnellement par les lignes menées du point A à la droite BC.

Ce que nous venons d'exposer peut servir à former et à diviser l'échelle qui doit servir lorsqu'on veut réduire une figure du grand au petit; mais l'échelle la plus commode dans un grand nombre d'opérations, est celle qu'on appelle échelle de *dixme* : voici comment elle se construit. Aux extrémités A et B de la ligne AB (fig. 64) qu'on veut diviser en 100 parties, on élève les perpendiculaires AC, BD, sur chacune desquelles on porte 10 ouvertures de compas égales entre elles, mais de grandeur arbitraire; ayant tiré CD, on divise AB en 10 parties, et on porte ces parties sur CD, après quoi on tire des transversales, comme on le voit dans la figure; et par les points de division correspondants de CA et de BD, on tire des lignes droites qui sont autant de parallèles à AB; alors on est dans le même cas que si l'on avait divisé AB en 100 parties : si l'on veut, par exemple, avoir 47 parties dont AB en contient 100, je prends, sur la ligne qui passe au nº 7, la partie 7H depuis CA jusqu'à la transversale qui passe par le nº 40, et ainsi pour tout autre nombre.

En effet, à cause des triangles semblables C7*v*, CA*x*, il est évident que 7*v* contient 7 parties dont A*x* en contiendrait 10; donc puisque *v*H contient 4 intervalles égaux à A*x*, la ligne entière 7H vaut 47 parties dont A*x* en contiendrait 10, c'est-à-dire 47 parties dont AB en contiendrait 100.

**120**. La proposition démontrée (**102**) peut servir à *trouver* *une quatrième proportionnelle à trois lignes données* ab, cd, ef (fig. 56), c'est-à-dire une ligne qui soit le quatrième terme d'une proportion dont les trois premiers seraient *ab*, *cd*, *ef*. Pour cet effet, après avoir tiré deux droites indéfinies AF, AL, qui fassent entre elles tel angle qu'on voudra, on portera *ab* de A en D, et *cd* de A en F; on portera pareillement *ef* de A en I; et ayant joint les deux points D et I par la droite DI, on mènera par le point F la ligne FL parallèle à DI, qui déterminera AL pour la quatrième proportionnelle cherchée.

On peut aussi, en vertu de la proposition enseignée (**109**), s'y prendre de cette autre manière. Prendre sur une ligne indéfinie AF (fig. 56) les deux parties AD, AF égales à *ab*, *cd* respectivement; et ayant tiré DI égal à *ef*, et sous tel angle qu'on voudra, on tirera par le point A et le point I la droite AL, que l'on coupera par une ligne FL parallèle à DI; cette parallèle sera le quatrième cherché.

Quand les deux termes moyens d'une proportion sont égaux, le quatrième terme s'appelle alors *troisième proportionnel*, parce qu'il n'y a que trois quantités différentes dans la proportion. Ainsi quand on demande une troisième proportionnelle à deux lignes données, il faut entendre qu'on demande le quatrième terme d'une proportion dans laquelle la seconde des deux lignes données fait l'office des deux moyens, et l'opération est la même que celle qu'on vient d'enseigner.

**121**. Les proportions enseignées (**109**, **113** et **114**) peuvent servir à résoudre ce problème général : *Étant données trois des six choses* (angles et côtés) *qui entrent dans un triangle, trouver les trois autres, pourvu que parmi les trois choses connues il y ait un côté.*

Nous allons en donner quelques exemples.

Supposons qu'étant au point B (fig. 65) dans la campagne, on veut savoir quelle distance il y a de ce point B à un objet A dont on ne peut approcher.

On plantera un piquet à une certaine distance BC que l'on mesurera, et qu'on fera à peu près égale à BA estimée grossièrement. Puis avec le graphomètre que nous avons décrit (**23**), on mesurera les angles ABC, ACB que font avec la ligne BC les deux lignes qu'on imaginera aller de ses extrémités au point A. Cela posé, on tirera sur le papier une ligne *bc* (fig. 66) qu'on fera d'autant de parties d'une échelle que l'on construira arbitrairement, d'autant de parties, dis-je, qu'on a trouvé de mètres dans BC, si l'on a mesuré en mètres; et avec le rapporteur décrit (**22**) on fera, au point *b*, un angle qui ait autant de degrés qu'on en a trouvé à l'angle B; et au point *c*; un angle qui ait autant de degrés qu'on en a trouvé à l'angle C; alors les deux lignes *ab*, *ac* se rencontreront en un point *a*, qui représentera le point A; en sorte que si vous mesurez *ab* sur votre échelle, le nombre de parties que vous lui trouverez sera le nombre de mètres que contient AB. Car les deux angles *b* et *c* ayant été faits égaux aux deux angles B et C, le triangle *bac* est semblable au triangle BAC (**110**), et par conséquent leurs côtés sont proportionnels.

C'est ainsi qu'on peut mesurer la distance d'une île à une côte, lorsqu'on peut observer cette île de deux points de cette côte, dont la distance serait connue.

**122**. Par la proposition démontrée (**114**) on peut se dispenser de mesurer les angles, dans le cas dont nous venons de parler. En effet il suffit, après avoir planté un piquet en un point E (fig. 65) qui soit sur l'alignement des points A et B, et un autre en un point F qui soit sur l'alignement des deux points A et C, il suffit, dis-je, de mesurer les lignes BC, BE, CE, BF et CF; alors on fera un triangle *bec* (fig. 66) dont les côtés *bc*, *be*, *ce* aient autant de parties d'une même échelle, que BC, BE, CE ont de mètres; on fera de même sur *bc* un autre triangle *bcf* dont les côtés *bf*, *cf*, aient autant de parties de l'échelle que BF et CF ont de mètres; alors prolongeant les côtés *be* et *cf*, ils se rencontreront en un point *a*, qui représentera le point A; en sorte que, mesurant *ba* sur l'échelle, on jugera par le nombre de parties qu'on trouvera, combien de mètres doit avoir AB.

En effet, le triangle *bec* ayant les côtés proportionnels à ceux du triangle BEC, ces deux triangles doivent avoir les angles égaux; donc l'angle EBC ou ABC est égal à l'angle *ebc* ou *abc* : la même raison prouve que l'angle FCB ou ACB est égal à l'angle *fcb* ou *acb*; donc les deux triangles ACB et *acb* sont semblables.

On voit en même temps que, par cette construction, on peut déterminer les angles ABC et ACB en mesurant, avec le rapporteur, les angles *abc* et *acb* sur le papier.

Au reste, quoique ces expédients et beaucoup d'autres qu'on peut facilement imaginer d'après eux, puissent être souvent utiles, nous ne nous y arrêterons pas plus longtemps, parce que la trigonométrie, que nous enseignerons par la suite, nous fournira des moyens plus expéditifs et plus susceptibles de précision; car, quoique les opérations que nous venons de décrire soient rigoureusement exactes dans la théorie, elles ne donnent cependant qu'une exactitude assez bornée dans la pratique, parce que les erreurs qu'on peut commettre dans la figure *abc*, toutes petites qu'elles puissent être, peuvent influer sensiblement sur les conclusions qu'on en tire pour la figure ABC, qui est toujours incomparablement plus grande.

### DES LIGNES PROPORTIONNELLES CONSIDÉRÉES DANS LE CERCLE.

**123**. Deux lignes sont dites coupées en raison *inverse* ou *réciproque*, lorsque, pour former une proportion avec les parties de ces lignes, les deux parties de l'une se trouvent être les extrêmes, et les deux parties de l'autre les moyens de la proportion.

Et deux lignes sont dites réciproquement proportionnelles à leurs parties, lorsqu'une de ces lignes et sa partie forment les extrêmes, tandis que l'autre ligne et sa partie forment les moyens.

**124**. *Deux cordes* AC *et* BD (fig. 67) *qui se coupent dans le cercle, en quelque point* E *que ce soit, et sous quelque angle que ce soit, se coupent toujours en raison réciproque*, c'est-à-dire que AE : BE :: DE : CE.

Car si l'on tire les cordes AB, CD, on forme deux triangles BEA, CED qu'il est aisé de démontrer être semblables, puisque outre l'angle BEA égal à CED (**20**), l'angle ABE ou ABD est égal à l'angle DCE ou DCA; car ces deux angles ont leur sommet à la circonférence, et s'appliquent sur le même arc AD (**63**). Donc les triangles BEA et CED sont semblables (**110**); donc ils ont leurs côtés homologues proportionnels, c'est-à-dire que AE : BE :: DE : CE, où l'on voit que les parties de la corde AC sont les extrêmes et les parties de la corde BD sont les moyens.

**125**. Puisque la proposition qu'on vient de démontrer a lieu, quelque part que soit le point E, et sous quelque angle que se coupent les deux cordes AC et BD, elle a donc lieu aussi lorsque les deux cordes (fig. 68) sont perpendiculaires l'une à l'autre, et que l'une des deux, AC par exemple, passe par le centre; or, dans ce cas, la corde BD étant coupée en deux parties égales (51), les deux termes moyens de la proportion AE : BE :: DE : CE deviennent égaux, et la proportion se change en cette autre AE : BE :: BE : CE; donc *toute perpendiculaire* BE *abaissée d'un point* B *de la circonférence sur le diamètre, est moyenne proportionnelle entre les deux parties* AE, CE *de ce diamètre.*

**126.** Cette proposition a plusieurs applications utiles. Nous n'en exposerons qu'une pour le présent. C'est pour *trouver une moyenne proportionnelle entre deux lignes données*, ae, ec (fig. 70).

On tirera une droite indéfinie AC sur laquelle on placera bout à bout deux lignes AE, EC, égales aux lignes *ae*, *ec*; et ayant décrit sur la totalité AC, comme diamètre, le demi-cercle ABC, on élèvera au point de jonction E la perpendiculaire EB sur AC : cette perpendiculaire sera la moyenne proportionnelle demandée.

**127.** *Deux sécantes* AB, AC (fig. 69) *qui partant d'un même point* A *hors du cercle, vont se terminer à la partie concave de la circonférence, sont toujours réciproquement proportionnelles à leurs parties extérieures* AD, AE, *à quelque endroit que soit le point* A *hors du cercle, et quelque angle que fassent entre elles ces deux sécantes.*

Concevez les cordes CD et BE, vous aurez deux triangles ADC, AEB dans lesquels, 1° l'angle A est commun; 2° l'angle B est égal à l'angle C, parce que l'un et l'autre ont leur sommet à la circonférence, et embrassent le même arc DE (65); donc (**110**) ces deux triangles sont semblables, et ont par conséquent les côtés proportionnels; donc AB : AC :: AE : AD, où l'on voit que la sécante AB et sa partie extérieure AD forment les extrêmes, tandis que la sécante AC et sa partie extérieure AE forment les moyens.

**128.** Puisque cette proposition est vraie, quel que soit l'angle BAC, si l'on conçoit que le côté AB demeurant fixe, le côté AC tourne autour du point A pour s'écarter de AB, les deux points de section E et C s'approcheront continuellement l'un de l'autre, jusqu'à ce qu'enfin la droite AC tombant sur la tangente AF, ces deux points se confondront, et AC, AE deviendront chacune égale à AF; en sorte que la proportion AB : AC :: AE : AD deviendra AB : AF :: AF : AD; donc

**129.** *Si d'un point* A, *pris hors du cercle, on mène une sécante quelconque* AB *et une tangente* AF, *cette tangente sera moyenne proportionnelle entre la sécante* AB *et la partie extérieure* AD *de cette même sécante.*

**130.** Cette proposition peut, entre autres usages, servir à *couper une ligne en moyenne et extrême raison.* On dit qu'une ligne AB (fig. 71) est coupée en moyenne et extrême raison lorsqu'elle est coupée en deux parties AC, BC, telles que l'une BC de ces parties est moyenne proportionnelle entre la ligne entière AB et l'autre partie AC, c'est-à-dire telles que l'on ait

AC : BC :: BC : AB.

Voici comment on y parvient. On élève à l'une A des extrémités une perpendiculaire AD égale à la moitié de AB; du point D comme centre, et d'un rayon égal à AD, on décrit une circonférence qui coupe en E la ligne BD qui joint les deux points B et D. Enfin, on porte BE de B en C, et la ligne AB est coupée en moyenne et extrême raison au point C.

En effet, la ligne AB étant perpendiculaire sur AD, est tangente (48); et puisque BF est sécante, on a (129) BF : AB :: AB : BE ou BC. Donc (*Arith.*, 185) BF — AB : AB — BC :: AB : BC; or AB est égal à FE, puisque AB est double de AD; donc BF — AB est égal à BE ou BC; et comme AB — BC est AC, on a donc BC : AC :: AB : BC, ou (*Arith.*, 181) AC : BC :: BC : AB.

## DES FIGURES SEMBLABLES.

**131.** Deux figures d'un même nombre de côtés sont dites *semblables* lorsqu'elles ont les angles homologues égaux et les côtés homologues proportionnels.

Les deux figures ABCDE, *abcde* (fig. 72 et 73), sont semblables si l'angle A est égal à l'angle *a*, l'angle B égal à l'angle *b*, l'angle C égal à l'angle *c*, et ainsi de suite, et si en même temps le côté AB contient le côté *ab*, autant que BC contient *bc*, autant que CD contient *cd*, et ainsi de suite.

Ces deux conditions sont nécessaires à la fois, dans les figures de plus de trois côtés. Il n'y a que dans les triangles où l'une de ces conditions suffise, parce qu'elle entraîne nécessairement l'autre (**109** et **114**).

**152.** *Si de deux angles homologues* A *et* a *de deux polygones semblables, on mène des diagonales* AC, AD, ac, ad *aux autres angles, les deux polygones seront partagés en un même nombre de triangles semblables chacun à chacun.*

Car l'angle B est (par la supposition) égal à l'angle *b* et le côté AB : *ab* :: BC : *bc*; donc les deux triangles ABC, *abc* qui ont un angle égal compris entre deux côtés proportionnels, sont semblables (**115**); donc l'angle BCA est égal à l'angle *bca*, et AC : *ac* :: BC : *bc*.

Si des angles égaux BCD, *bcd*, on ôte les angles égaux BCA, *bca*, les angles restants ACD, *acd* seront égaux. Or BC : *bc* :: CD : *cd*; donc, puisqu'on vient de prouver que BC : *bc* :: AC : *ac*, on aura CD : *cd* :: AC : *ac*; donc les deux triangles ACD, *acd* sont aussi semblables, puisqu'ils ont un angle égal compris entre deux côtés proportionnels. On prouvera la même chose, et de la même manière, pour les triangles ADE et *ade*, et pour tous les autres triangles qui suivraient, si ces polygones avaient un plus grand nombre de côtés.

**153.** *Si deux polygones* ABCDE, abcde *sont composés d'un même nombre de triangles semblables chacun à chacun, et semblablement disposés, ils seront semblables.*

Car les angles B et E sont égaux aux angles *b* et *e*, dès que les triangles sont semblables; et par cette même raison, les angles partiels BCA, ACD, CDA, ADE sont égaux aux angles partiels *bca*, *acd*, *cda*, *ade*; donc les angles totaux BCD, CDE sont égaux aux angles totaux *bcd*, *cde*, chacun à chacun. D'ailleurs la similitude des triangles fournit cette suite de rapports égaux AB : *ab* :: BC : *bc* :: AC : *ac* :: CD : *cd* :: AD : *ad* :: DE : *de* :: AE : *ae*; ne tirant de cette suite que les rapports qui renferment les côtés des deux polygones, on a AB : *ab* :: BC : *bc* :: CD : *cd* :: DE : *de* :: AE : *ae*. Donc ces polygones ont aussi les côtés homologues proportionnels; donc ils sont semblables.

Donc pour construire une figure semblable à une figure proposée ABCDE (fig. 72), et qui ait pour côté homologue à AB une ligne donnée, on portera cette ligne donnée sur AB, de A en *f*; par le point *f*, on tirera *fg* parallèle à BC, et qui rencontre AC en *g*; par le point *g*, on mènera *gh* parallèle à CD, et qui rencontre AD en $h$; enfin par le point $h$, on tirera $hi$ parallèle à DE, et l'on aura le polygone $Afghi$ semblable à ABCDE.

**134.** *Les contours de deux figures semblables sont entre eux comme les côtés homologues de ces figures*, c'est-à-dire que la somme des côtés de la figure ABCDE contient la somme des côtés de la figure *abcde*, autant que le côté AB contient le côté *ab*.

Car dans la suite de rapports égaux AB : *ab* :: BC : *bc* :: CD : *cd* :: DE : *de* :: AE : *ae*, la somme des antécédents est (*Arith.*, **186**) à la somme des conséquents, comme un antécédent est à son conséquent, :: AB : *ab*; or il est évident que ces sommes sont les contours des deux figures.

**135.** Si l'on conçoit la circonférence ABCDEFGH (fig. 74) divisée en tel nombre de parties égales qu'on voudra; et si ayant tiré du centre I, aux points de division, des rayons IA, IB, etc., on décrit d'un autre rayon I*a* la circonférence *abcdefgh*, rencontrée par ces rayons aux points *a*, *b*, *c*, *d*, etc.; il est évident que si, dans chaque circonférence, on joint les points de division par des cordes, on formera deux polygones semblables; car les triangles ABI, *ab*I, etc., sont semblables, puisqu'ils ont un angle commun en I compris entre deux côtés proportionnels; car IA étant égal à IB, et I*a* égal à I*b*, on a évidemment AI : BI :: *a*I : *b*I, et la même chose se démontre de même pour les autres triangles. De là et de ce qui vient d'être dit (**134**) on conclura donc que le contour ABCDEFGH est au contour *abcdefgh* :: AB : *ab*, ou (à cause des triangles semblables ABI, *ab*I) :: AI : *a*I. Comme cette similitude ne dépend point du nombre des côtés de ces deux polygones, elle aura donc encore lieu lorsque le nombre des côtés de chacun sera multiplié à l'infini : or dans ce cas on conçoit qu'il n'y a plus aucune différence entre la circonférence et le polygone inscrit; donc les circonférences mêmes ABCDEFGH, *abcdefgh* seront entre elles :: AI : *a*I, c'est-à-dire comme leurs rayons, et par conséquent aussi comme leurs diamètres.

**136.** Concluons donc, 1° qu'on *peut regarder la circonférence du cercle comme un polygone régulier d'une infinité de côtés;*

2° *Les cercles sont des figures semblables;*

3° *Les circonférences des cercles sont entre elles comme leurs rayons, ou comme leurs diamètres.*

**137.** En général, si dans deux polygones semblables on tire deux lignes également inclinées à l'égard de deux côtés homologues, et terminées à des points semblablement placés à l'égard de ces côtés, ces lignes, qu'on appelle *lignes homologues*, seront entre elles dans le rapport de deux côtés homologues quelconques; car dès qu'elles font des angles égaux avec deux autres côtés homologues, elles feront aussi des angles égaux avec deux autres côtés homologues quelconques, puisque les angles des deux polygones semblables sont égaux chacun à chacun; or, si dans ce cas elles n'étaient pas dans le même rapport que deux côtés homologues, il est facile de sentir que les points où elles se terminent ne pourraient pas être semblablement placés comme on le suppose

**138.** C'est sur les principes que nous venons de poser, concernant les figures semblables, que porte en grande partie l'art de lever les plans. Nous disons en grande partie, parce que, lorsque l'espace dont il s'agit de former le plan est d'une très-grande étendue, comme l'Europe, la France, etc., l'art d'en fixer les points principaux tient à d'autres connaissances dont ce n'est point encore ici le lieu de parler. Mais pour les détails d'un pays, d'une côte, d'une rade, etc., on peut les déterminer et les représenter ensuite sur un plan, de la manière que nous allons décrire. Observons auparavant que nous supposons ici, que tous les angles qu'il va être question de mesurer sont tous dans un même plan horizontal ou à peu près. S'ils n'y étaient point, il faudrait, avant de former le plan, les y réduire; nous en donnerons les moyens dans la trigonométrie.

Supposons donc que A, B, C, D, E, F, G, H, I, K (fig. 75), soient plusieurs objets remarquables dont on veut représenter les positions respectives sur un plan.

On dessinera grossièrement sur un papier ces objets, dans les positions qu'on leur juge à l'œil, et, pour cet effet, on se transportera aux différents lieux où il sera nécessaire pour prendre une connaissance légère de tous ces objets. Ce premier dessin, qu'on appelle un *croquis*, servira à marquer les différentes mesures qu'on prendra dans le cours des opérations.

On mesurera une base AB, dont la longueur ne soit pas moindre que la dixième ou la neuvième partie de la distance des deux objets les plus éloignés qu'on puisse voir de ses extrémités, et qui soit telle, en même temps, que de ces mêmes extrémités on puisse apercevoir le plus grand nombre d'objets que faire se pourra; alors avec un instrument propre à mesurer les angles, avec le graphomètre par exemple, on mesurera au point A les angles EAB, FAB, GAB, CAB, DAB que font au point A avec la ligne AB, les lignes qu'on imaginera menées de ce point aux objets E, F, G, C, D, que je suppose pouvoir être aperçus des extrémités A et B de la base. On mesurera de même, au point B, les angles EBA, FBA, GBA, CBA, DBA, que font en ce point, avec la ligne AB, les lignes qu'on imaginera menées de ce même point B aux mêmes objets que ci-dessus. S'il y a des objets comme H, I, qu'on n'ait pas pu voir des deux extrémités A et B, on se transportera en deux des lieux E et F qu'on vient d'observer; et d'où l'on puisse voir ces deux points H et I; alors regardant EF comme une base, on mesurera les angles HEF, IEF, HFE, IFE, que font avec cette nouvelle base, les lignes qui iraient de ses extrémités aux deux objets H et I; enfin, s'il y a quelque autre objet, comme K, qu'on n'ait pu voir ni des extrémités de AB ni de celles de EF, on prendra encore pour base quelque autre ligne comme FG qui joint deux des points observés, et on mesurera de même à ses extrémités les angles KFG, KGF.

Toutes ces opérations faites, et après avoir déterminé et construit l'échelle du plan qu'on se propose de faire, on tirera sur ce plan une ligne *ab* (fig. 76) qu'on fera d'autant de parties de l'échelle, que l'on a trouvé de mètres dans AB. On fera ensuite au point *a*, avec le rapporteur, un angle *bae* d'autant de degrés et minutes qu'on en a trouvé pour BAE; et au point *b*, un angle *eba* d'autant de degrés et minutes qu'on en a trouvé à l'angle EBA; les deux lignes *ae*, *be*, qui formeront ces angles avec *ab*, se couperont en un point *e* qui représentera, sur la carte, la position de l'objet E sur le terrain; car, par cette construction, le triangle *abe* sera semblable au triangle ABE, puisqu'on a fait deux angles de celui-là égaux à deux angles de celui-ci (110). On se conduira précisément de la même manière pour déterminer les points *f*, *g*, *d*, *c* qui doivent représenter les points ou objets F, G, D, C. Pour avoir ensuite les points *h*, *i* et *k*, on tirera les lignes *ef* et *fg* que l'on considérera comme bases, et on déterminera la position des points *h* et *i* à l'égard de *ef*, et du point *k* à l'égard de *fg*, de la même manière qu'on a déterminé celles des autres points à l'égard de *ab*. Bien entendu que toutes les lignes qu'on tirera dans ces différentes opérations, seront tracées au crayon seulement, parce qu'elles n'ont d'autre usage que de déterminer les points *c*, *d*, *e*, etc. Lorsqu'ils sont une fois trouvés, on efface tout le reste.

Je ne m'arrête pas à démontrer en détail que les points *c*, *d*, *e*, *f*, *g*, *h*, *i*, *k* sont placés entre eux de la même manière que les objets C, D, E, F, G, etc., le sont entre eux; il suffit d'observer que les points *c*, *d*, *e*, *f*, *g* sont (par la construction) placés à l'égard de *ab*, comme les points C, D, F, G le sont à l'égard de AB, puisque les triangles *cab*, *dab*, *eab*, etc., ont été faits semblables aux triangles CAB, DAB, EAB, et disposés de la même manière; ainsi la difficulté, s'il y en a, ne peut tomber que sur les points *h*, *i* et *k*; or (par la construction) les points *h* et *i* sont placés à l'égard de *ef*, comme les points H et I le sont à l'égard de EF; donc puisque ces deux dernières lignes sont placées de la même manière à l'égard des lignes *ab* et AB, les points *h* et *i* seront aussi placés à l'égard de *ab* de la même manière que H et I le sont à l'égard de AB. Ainsi les distances respectives des points *a*, *e*, *f*, *g*, etc., mesurées sur l'échelle du plan, feront connaître les distances des objets A, E, F, G, etc.

On voit assez, sans qu'il soit nécessaire d'y insister, que cette même méthode peut servir à vérifier des points que l'on soupçonnerait douteux sur une carte, ainsi qu'à y ajouter des points qu'on aurait omis.

On peut aussi employer la boussole à déterminer la position des objets E, F, G, etc., et on l'y emploie même assez souvent; mais alors on observe au point A, non pas les angles EAB, FAB, etc., mais les angles que les lignes AE, AF, etc., et la base même AB, font avec la direction de l'aiguille aimantée; on fait la même chose au point B: et pour marquer les objets sur la carte, on tire par le point *a* une ligne qui représente la direction de l'aiguille aimantée, et on mène les lignes *ab*, *ae*, *af*, etc., de manière qu'elles fassent avec celle-là les angles qu'on a observés au point A; fixant ensuite la grandeur qu'on veut donner à *ab*, on se conduit à l'égard du point *b* de la même manière qu'on a fait à l'égard du point *a*. Quant aux autres points H et I qui n'étaient point visibles de A et B, on les détermine à l'égard de EF, de la même manière qu'on a déterminé les autres à l'égard de AB; enfin on marque ces points en *h* et *i* en les déterminant à l'égard de *ef*, de la même manière que les autres points *e*, *f*, etc., ont été déterminés à l'égard de *ab*. Au reste on ne doit, autant qu'on le peut, lever ainsi à la boussole que les petits détails, comme les détours d'un chemin, les sinuosités d'une rivière, etc.; quand les points principaux ont été déterminés avec exactitude, on peut prendre ces détails avec une attention moins scrupuleuse, parce que les objets qu'on relève alors, étant peu distants entre eux, l'erreur qu'on peut commettre sur les angles ne peut pas être de grande conséquence.

Lorsque quelques circonstances déterminent à marquer sur la carte déjà construite quelque nouveau point, il n'est pas indispensable d'observer ce point de deux autres points connus : on le détermine souvent au contraire en observant de ce point, deux autres points connus; par exemple, supposons que le point H soit un point d'une rade où l'on a mesuré la profondeur à la sonde, et qu'on veut marquer cette sonde sur la carte; on observera du point H, les angles EHM, FHM, que font avec la direction LM de l'aiguille aimantée, les deux lignes EH, FH, qui vont à deux objets connus E, F; puis, pour marquer le point H sur la carte, on tirera à part (fig. 77) une ligne *lm* qui marque la direction de l'aiguille aimantée, et en un point *n* de cette ligne on fera les angles *onm*, *pnm*, égaux aux angles EHM, FHM; enfin par le point *f* on mènera *fh* parallèle à *pn*; et par le point *e*, la ligne *eh* parallèle à *no*; ces deux lignes se rencontreront au point cherché *h*.

Cette même méthode sert aussi à se reconnaître en mer, à la vue de deux terres. Au reste, la rose des vents, qui est marquée sur les cartes marines, fournit des expédients pour abréger quelques-unes de ces opérations; nous ne pouvons entrer dans ces détails qui appartiennent immédiatement au pilotage : il nous suffit d'exposer les principes sur lesquels ces différentes pratiques sont fondées.

Observons cependant qu'on ne doit déterminer les sondes, de cette manière, que quand les circonstances ne permettent pas de faire autrement; car quelque exercé qu'on puisse être à se servir du compas de variation, on ne parvient jamais à relever du point H en mer, les objets E, F, avec une précision sur laquelle on puisse autant compter que sur le relèvement qu'on ferait d'un objet H, tel que serait une chaloupe, une bouée, etc. en observant des points E et F à terre. Les sondes sont assez importantes pour qu'on doive autant qu'on le peut, employer, pour les déterminer, la méthode la plus susceptible d'exactitude.

Il y a encore une autre manière de lever qui est d'autant plus commode qu'elle exige peu d'appareil, et qu'en même temps qu'on observe les différents points dont on veut avoir les positions, on les trace sur le plan sans les perdre de vue. L'instrument qu'on emploie à cet effet, est représenté par la figure 78. ABCD est une planche de 40 à 45 centimètres de long, et à peu près de pareille largeur, portée sur un pied comme le graphomètre. Sur cette planche on étend une feuille de papier, qu'on arrête par le moyen d'un châssis qui entoure la planche. LM est une règle garnie de pinnules à ses deux extrémités.

Lorsqu'on veut faire usage de cet instrument, qu'on appelle *planchette*, pour tracer le plan d'une campagne, on prend une base *am*, comme dans les opérations ci-dessus, et posant le pied de l'instrument en *a*, on fait planter un piquet en *m*. On applique la règle LM sur le papier, et on la dirige de manière à voir le piquet *m* à travers les deux pinnules; alors on tire le long de la règle une ligne EF, à laquelle on donne autant de parties de l'échelle du plan, qu'on aura trouvé de mètres entre le point E d'où l'on observe d'abord, et le point *f* d'où l'on observera à la seconde station. On fait ensuite tourner la règle autour du point E, jusqu'à ce qu'on rencontre, en regardant à travers les pinnules, quelqu'un des objets G, H, I; et à mesure qu'on en rencontre un, on tire le long de la règle une ligne indéfinie. Ayant ainsi parcouru tous les objets qu'on peut voir lorsqu'on est en *a*, on transporte l'instrument en *m*, et on laisse un piquet en *a*. Alors on fait au point *f* les mêmes opérations à l'égard des objets G, H, I, qu'on a faites à l'autre station. Les lignes *f*G, *f*H, *f*I, qui dans ce second cas vont, ou sont imaginées aller à ces objets, rencontrent les premières aux points *g*, *h*, *i*, qui sont la représentation des objets G, H, I.

C'est encore sur la théorie des figures semblables qu'est fondée la méthode de faire *le point*, c'est-à-dire de représenter sur une carte la route qu'a tenue un vaisseau pendant sa navigation, ou pendant une partie de sa navigation.

Supposons qu'un vaisseau, parti d'un lieu connu, ait d'abord couru 28 lieues au sud-est, puis 20 lieues au sud, et enfin 26 lieues au sud-ouest; on veut déterminer, sur la carte, la route qu'a tenue le vaisseau et le lieu de l'arrivée.

On cherche d'abord, sur la carte, le point du départ; je suppose que ce soit le point *d* (fig. 79). On cherche pareillement, parmi les divisions de la rose des vents marquée sur la carte, quelle est la ligne qui va au sud-est; je suppose que ce soit ici la ligne CF; on tire par le point *d* la ligne *de* parallèle à CF, et on donne à *de* autant de parties de l'échelle de la carte, que l'on a couru de lieues au sud-est. Par le point *e* on tire pareillement une ligne *eb* parallèle à la ligne CE qui est dirigée au sud; et on fait *eb* d'autant de parties de l'échelle qu'on a couru de lieues au sud; enfin, par le point *b*, on mène *ba* parallèle à GD qui va au sud-ouest; et ayant fait *ba* d'autant de parties de l'échelle qu'on a couru de lieues au sud-ouest, le point *a* est le point d'arrivée, et la trace *deba* représente la route qu'a tenue le vaisseau. En effet les lignes *de*, *eb*, *ba* font entre elles les mêmes angles qu'ont fait entre elles successivement les différentes parties de la route du vaisseau; et d'ailleurs les parties *de*, *eb*, *ba*, ont entre elles les mêmes rapports que les espaces que le vaisseau a réellement décrits; donc la figure *deba* est (131) absolument semblable à la route qu'a tenue le vaisseau, enfin le point *d* est situé sur la carte comme le point de départ l'est à l'égard de la terre*; donc *deba* est non-seulement semblable à la route du vaisseau, mais encore située à l'égard des différents points de la carte, comme la route du vaisseau l'a été à l'égard des différents points de la terre.

* Cette expression n'est pas rigoureusement exacte, sans doute; mais ce n'est point ici le lieu d'en fixer le sens rigoureux. Les points d'une carte, surtout d'une carte réduite, ne sont pas situés entre eux comme les points de la terre qu'ils représentent, mais il suffit ici qu'ils aient le même usage. Nous reviendrons ailleurs sur cet objet.

# DEUXIÈME SECTION.

## DES SURFACES.

**139.** Nous voici arrivés à la seconde des trois sortes d'étendue que nous avons distinguées, c'est-à-dire à l'étendue en longueur et largeur.

Nous ne considérerons, dans cette section, que les *surfaces* ou *superficies planes*; nous nous bornerons même à celle des figures rectilignes et du cercle.

La mesure des surfaces se réduit à celle des triangles ou des quadrilatères.

On distingue les quadrilatères en *quadrilatère* simplement dit, *trapèze* et *parallélogramme*.

La figure de quatre côtés, qu'on appelle simplement *quadrilatère*, est celle parmi les côtés de laquelle il ne s'en trouve aucun qui soit parallèle à un autre (fig. 80).

Le *trapèze* est un quadrilatère dont deux côtés seulement sont parallèles (fig. 81).

Le *parallélogramme* est un quadrilatère dont les côtés opposés sont parallèles (fig. 82, 83, 84, 85, 86, 86*); on distingue quatre sortes de parallélogrammes : le *rhomboïde*, le *rhombe*, le *rectangle* et le *carré*.

Le *rhomboïde* est le parallélogramme dont les côtés contigus et les angles sont inégaux (fig. 82).

Le *rhombe*, autrement dit *losange*, est celui dont les côtés sont égaux, et les angles inégaux (fig. 83).

Le *rectangle* est celui dont les angles sont égaux, et les côtés contigus inégaux (fig. 84).

Le *carré* est celui dont les côtés et les angles sont égaux (fig. 85).

Quand les angles d'un quadrilatère sont égaux, ils sont nécessairement droits, parce que les quatre angles de tout quadrilatère valent ensemble quatre angles droits (86).

La perpendiculaire EF (fig. 82), menée entre les deux côtés opposés d'un parallélogramme, s'appelle la *hauteur* de ce parallélogramme; et le côté BC sur lequel tombe cette perpendiculaire, s'appelle la *base*.

La hauteur d'un triangle ABC (fig. 87, 88 et 89), est la perpendiculaire AD abaissée d'un angle A de ce triangle, sur le côté opposé BC, prolongé s'il est nécessaire, et ce côté BC se nomme alors la *base*.

**140.** *Un triangle rectiligne quelconque* ABC (fig. 89) *est toujours la moitié d'un parallélogramme de même base et de même hauteur que lui.*

Car on peut toujours concevoir tirée, par le sommet de l'angle C, une ligne CE parallèle au côté BA, et par le sommet de l'angle A, une ligne AE parallèle au côté BC; ce qui forme, avec les côtés AB et BC, un parallélogramme ABCE de même base et de même hauteur que le triangle ABC; cela posé, il est aisé de voir que les deux triangles ABC, CEA sont égaux; car le côté AC leur est commun; d'ailleurs les angles BAC, ACE sont égaux à cause des parallèles (58); et par la même raison les angles BCA et CAE sont égaux : ces deux triangles ayant un côté égal adjacent à deux angles égaux chacun à chacun, sont donc égaux; donc le triangle ABC est la moitié du parallélogramme ABCE.

**141.** *Les parallélogrammes* ABCD, EBCF (fig. 86 et 86*), *de même base et de même hauteur, sont égaux en surface.*

Les deux parallélogrammes ABCD, EBCF (fig. 86) ont une partie commune EBCD; ainsi leur égalité ne dépend que de l'égalité des triangles ABE, DCF; or il est aisé de prouver que ces deux triangles sont égaux : car AB est égale à CD, ces lignes étant des parallèles comprises entre parallèles (82); et par la même raison BE est égal à CF; d'ailleurs (45) l'angle ABE est égal à l'angle DCF; ces deux triangles ont donc un angle égal compris entre deux côtés égaux chacun à chacun, ils sont donc égaux; donc aussi le parallélogramme ABCD et le parallélogramme EBCF sont égaux.

Dans la figure 86*, on démontrera de la même manière que les deux triangles ABE, DCF sont égaux; donc, retranchant de chacun le triangle DIE, les deux trapèzes restants ABID, EICF seront égaux; enfin ajoutant à chacun de ces trapèzes le triangle BIC, le parallélogramme ABCD et le parallélogramme EBCF qui en résulteront, seront égaux.

**142**. On peut donc dire aussi que *les triangles de même base et de même hauteur, ou de bases égales et de hauteurs égales, sont égaux*, puisqu'ils sont moitiés de parallélogrammes de même base et de même hauteur qu'eux (**140**).

**143**. De cette dernière proposition on peut conclure que *tout polygone peut être transformé en un triangle de même surface*. Par exemple, soit ABCDE (fig. 91) un pentagone; si l'on tire la diagonale EC qui joigne les extrémités de deux côtés contigus ED, DC, et qu'après avoir mené DF parallèle à EC, et qui rencontre en F le côté AE prolongé, on tire CF, on aura un quadrilatère ABCF égal en surface au pentagone ABCDE; car les deux triangles ECD, ECF ont pour base commune EC; et étant de plus compris entre mêmes parallèles EC, DF, ils sont de même hauteur; donc ils sont égaux; donc si l'on ajoute à chacun le quadrilatère EABC, on aura le pentagone ABCDE égal au quadrilatère ABCF.

Or de même qu'on vient de réduire le pentagone à un quadrilatère, on réduira de même le quadrilatère à un triangle; donc, etc.

## DE LA MESURE DES SURFACES.

**144**. *Mesurer une surface*, c'est déterminer combien de fois cette surface contient une autre surface connue.

Les mesures qu'on emploie sont ordinairement des carrés; quelquefois aussi ce sont des parallélogrammes rectangles : ainsi, mesurer la surface ABCD (fig. 90), c'est déterminer combien elle contient de carrés tels que *abcd*, ou de rectangles tels que *abcd*; si le côté *ab* du carré *abcd* est d'un mètre, c'est déterminer combien la surface ABCD contient de mètres carrés; si le côté *ab* du rectangle *abcd* étant d'un mètre, le côté *bc* est de 3 mètres, c'est déterminer combien la surface ABCD contient de rectangles de 3 mètres de long sur un mètre de large.

Pour mesurer en parties carrées la surface du rectangle ABCD, il faut chercher combien de fois le côté AB contient le côté *ab* du carré *abcd* qui doit servir d'unité ou de mesure; chercher de même combien de fois le côté BC contient *ab*; et alors multipliant ces deux nombres l'un par l'autre, on aura le nombre de carrés tels que *abcd*, que la surface ABCD peut renfermer. Par exemple, si AB contient *ab* quatre fois, et si

BC contient *ab* sept fois, je multiplie 7 par 4, et le produit 28 marque que le rectangle ABCD contient 28 carrés tels que *abcd*.

Car si par les points de division E, F, G, on mène des parallèles à BC, on aura quatre rectangles égaux, dont chacun pourra contenir autant de carrés tels que *abcd* qu'il y a de parties égales à *ab* dans le côté BC; donc il faut répéter les carrés contenus dans l'un de ces rectangles autant de fois qu'il y a de rectangles, c'est-à-dire autant de fois que le côté AB contient *ab*; et comme le nombre des carrés contenus dans chaque rectangle, est le même que le nombre des parties de BC, il est donc évident qu'en multipliant le nombre des parties de BC par le nombre des parties égales de AB, on a le nombre de carrés tels que *abcd*, que le rectangle ABCD peut renfermer.

Quoique nous ayons supposé, dans le raisonnement que nous venons de faire, que les côtés AB et BC contenaient un nombre exact de mesures *ab*, ce raisonnement ne s'étend pas moins au cas où la mesure *ab* n'y serait pas contenue exactement. Par exemple, si BC ne contenait que 6 mesures et $\frac{1}{2}$, chaque rectangle ne contiendrait que 6 carrés et $\frac{1}{2}$; et si le côté AB ne contenait que 3 mesures et $\frac{1}{3}$, il n'y aurait que 3 rectangles et $\frac{1}{3}$, chacun de 6 carrés et $\frac{1}{2}$; il faudrait donc multiplier $6\frac{1}{2}$ par $3\frac{1}{3}$, c'est-à-dire le nombre des mesures de BC par le nombre des mesures de AB.

**145.** Puisque (**141**) le parallélogramme rectangle ABCD (fig. 86 et 86') est égal au parallélogramme EBCF de même base et de même hauteur, il s'ensuit donc que pour avoir la surface de celui-ci, il faudra multiplier le nombre des parties de sa base BC par le nombre des parties de sa hauteur BA; on peut donc dire en général :

*Pour avoir le nombre de mesures carrées contenues dans la surface d'un parallélogramme quelconque* ABCD (fig. 82) *il faut mesurer la base* BC *et la hauteur* EF *avec une même mesure, et multiplier le nombre des mesures de la base par le nombre des mesures de la hauteur.*

On voit donc, par ce qui a été dit (144), que lorsqu'on veut évaluer la surface ABCD (fig. 90), on ne fait autre chose que répéter la surface GBCH ou le nombre des carrés qu'elle contient autant de fois que son côté GB est contenu dans le côté AB; ainsi le multiplicande est réellement une surface, et le multiplicateur est un nombre abstrait qui ne fait que marquer combien de fois on doit répéter ce multiplicande.

On dit cependant très-communément que, *pour avoir la surface d'un parallélogramme, il faut multiplier sa base par sa hauteur*; mais on doit regarder cela comme une expression abrégée, dans laquelle on sous-entend le *nombre* des carrés correspondants aux parties de la base, et le *nombre* des parties de la hauteur. En un mot, on ne peut pas dire qu'on multiplie une ligne par une ligne. Multiplier, c'est prendre un certain nombre de fois, de sorte que quand on multiplie une ligne, on ne peut jamais avoir qu'une ligne, et quand on multiplie une surface, on ne peut jamais avoir qu'une surface. Une surface ne peut avoir d'autres éléments que des surfaces, et, quoiqu'on dise souvent que le parallélogramme ABCD (fig. 82) peut être considéré comme composé d'autant de lignes égales et parallèles à BC qu'il y a de points dans la hauteur EF, on doit sous-entendre que ces lignes ont une largeur infiniment petite (car plusieurs lignes sans largeur ne peuvent pas composer une surface); et alors chacune de ces lignes est une surface qui, étant répétée autant de fois que sa hauteur est dans la hauteur AE, donne la surface ABCD.

Nous adopterons néanmoins cette expression *multiplier une ligne par une ligne*, mais on ne doit pas perdre de vue que ce n'est que comme manière abrégée de parler. Ainsi nous dirons que le produit de deux lignes exprime une surface, quoique, dans le vrai, on dût dire le *nombre* des parties d'une ligne multiplié par le *nombre* des parties d'une autre ligne exprime le nombre des parties carrées contenues dans le parallélogramme qui aurait une de ces lignes pour hauteur, et l'autre ligne pour base.

Pour marquer la surface du parallélogramme ABCD (fig. 82), nous écrirons $CB \times EF$; dans la figure 84, nous écrirons $BA \times BC$; et, dans la figure 85, où les deux côtés AB et BC sont égaux, au lieu de $AB \times BC$ ou $AB \times AB$, nous écrirons $\overline{AB}^2$, de sorte que $\overline{AB}^2$ signifiera la ligne AB multipliée par elle-même, ou la surface du carré fait sur la ligne AB; de même, pour marquer que la ligne AB est élevée au cube, nous écrirons $\overline{AB}^3$, qui équivaudra à $AB \times AB \times AB$, ou $\overline{AB}^2 \times AB$.

**146**. Il suit de ce que nous venons de dire que, pour que deux parallélogrammes soient égaux en surface, il suffit que le produit de la base de l'un, multipliée par la hauteur, soit égal au produit de la base du second multipliée par la hauteur. *Donc lorsque deux parallélogrammes sont égaux en surface, ils ont leurs bases réciproquement proportionnelles à leurs hauteurs*; c'est-à-dire que la base et la hauteur de l'un peuvent être considérées comme les extrêmes d'une proportion, dont la base et la hauteur de l'autre formeront les moyens; car en les considérant ainsi, le produit des extrêmes est égal au produit des moyens; or, dans ce cas, il y a nécessairement proportion (*Arith.*, **180**).

Au reste, on peut voir cette vérité immédiatement, en faisant attention que si la base de l'un est plus petite par exemple que celle de l'autre, il faut que sa hauteur soit plus grande à proportion pour former le même produit.

**147.** Puisque un triangle est la moitié d'un parallélogramme de même base et de même hauteur (**140**), il suit de ce qui vient d'être dit (**145**) que *pour avoir la surface d'un triangle, il faut multiplier la base par la hauteur et prendre la moitié du produit.*

Ainsi, si la hauteur AD (fig. 87) est de 34 mètres, et la base BC de 52, la surface contiendra 884 mètres carrés : c'est la moitié du produit de 52 par 34.

Il est inutile, je pense, d'insister pour faire sentir qu'on aura le même produit en multipliant la base par la moitié de la hauteur, ou la hauteur par la moitié de la base.

**148.** Donc 1° *pour avoir la surface du trapèze*, il faut ajouter ensemble les deux côtés parallèles, prendre la moitié de la somme et la multiplier par la perpendiculaire menée entre ces deux parallèles. Car si l'on tire la diagonale BD (*fig.* 81), on a deux triangles ABD, BDC dont la hauteur commune est EF. Pour avoir la surface du triangle ABD, il faudrait donc multiplier la moitié de AD par EF; et pour le triangle BDC, il faudrait multiplier la moitié de BC aussi par EF; donc la surface du trapèze vaut la moitié de AD multipliée par EF, plus la moitié de BC multipliée par EF, c'est-à-dire la moitié de la somme AD plus BC multipliée par EF.

Si par le milieu G de la ligne AB on tire GH parallèle à BC, cette ligne GH sera la moitié de la somme des deux lignes AD et BC. Car soit I le point où GH coupe la diagonale BD, les triangles BAD, BGI, semblables à cause des parallèles AD et GI, font connaître (109) que GI est moitié de AD, puisque BG est moitié de AB. Or GH étant parallèle à BC et à AD, DC (102) est coupée de la même manière que AB; on prouvera donc de même que IH est moitié de BC, en considérant les triangles semblables BDC et IDH.

Donc, en vertu de ce qui a été dit ci-dessus, on peut dire que *la surface d'un trapèze* ABCD *est égale au produit de sa hauteur* EF *par la ligne* GH *menée à distances égales des deux bases opposées*.

**149.** 2° *Pour avoir la surface d'un polygone quelconque*, il faut le partager en triangles par des lignes menées d'un même point à chacun de ses angles, et calculer séparément la surface de chacun de ses triangles; en réunissant tous ces produits, on aura la surface totale du polygone. Mais pour avoir le moindre nombre de triangles qu'il soit possible, il conviendra de faire partir toutes ces lignes de l'un des angles (fig. 92).

**150.** *Si le polygone était régulier* (fig. 53), comme tous les côtés sont égaux, et que toutes les perpendiculaires menées du centre sont égales, en le concevant composé de triangles qui ont leur sommet au centre, on aurait la surface en multipliant un des côtés par la moitié de la perpendiculaire, et multipliant ce produit par le nombre des côtés, ou, ce qui revient au même, en multipliant le contour par la moitié de la perpendiculaire.

**151.** Puisqu'on peut (136) considérer le cercle comme un polygone régulier d'une infinité de côtés, il faut donc conclure que *pour avoir la surface d'un cercle, il faut multiplier la circonférence par la moitié du rayon*.

Car la perpendiculaire menée sur un des côtés ne diffère pas du rayon lorsque le nombre des côtés est infini.

**152.** Puisque les circonférences des cercles sont entre elles comme les rayons ou comme les diamètres (136), il est visible que si l'on connaissait la circonférence d'un cercle d'un diamètre connu, on serait bientôt en état de déterminer la circonférence de tout autre cercle dont on connaîtrait le diamètre, puisqu'il ne s'agirait que de calculer le quatrième terme de cette proportion : *le diamètre de la circonférence connue est à* *cette même circonférence, comme le diamètre de la circonférence cherchée est à cette seconde circonférence.*

On ne connaît point exactement le rapport du diamètre à la circonférence; mais on en a des valeurs assez approchées pour qu'un rapport plus exact puisse être regardé comme absolument inutile dans la pratique.

Archimède a trouvé qu'un cercle qui aurait 7 pour diamètre aurait 22 pour circonférence à très-peu de chose près. Ainsi, si l'on demande quelle sera la circonférence d'un cercle qui aurait 20 mètres de diamètre, il faut chercher (*Arith.*, **179**) le quatrième terme de la proportion dont les trois premiers sont

$$7 : 22 :: 20 :$$

Ce quatrième terme qui est $62\frac{6}{7}$ est à très-peu de chose près la longueur de la circonférence d'un cercle de 20 mètres de diamètre. Je dis à très-peu de chose près, car il faudrait que le cercle n'eût pas moins de 800 mètres de diamètre pour que la circonférence déterminée, d'après le rapport de 7 à 22, fût fautive de 1 mètre. Au reste, en employant le rapport de 7 à 22, on peut se dispenser de faire la proportion; il suffit de tripler le diamètre, et d'ajouter au produit la septième partie de ce même diamètre, parce que $3\frac{1}{7}$ est le nombre de fois que 22 contient 7.

Adrien Métius a donné un rapport beaucoup plus approché; c'est celui de 113 à 355. Ce rapport est tel qu'il faudrait que le diamètre d'un cercle fût de 1000000 mètres au moins, pour qu'on fît, en se servant de ce rapport, une erreur de 1 mètre sur la circonférence*. Enfin, si l'on veut avoir la circonférence avec encore plus de précision, il n'y a qu'à employer le rapport de 1 à 3,14159265358979 32, qui passe de beaucoup les limites des besoins ordinaires, et dont on peut supprimer plus ou moins de chiffres sur la droite, selon qu'on a moins ou plus besoin d'exactitude. Comme ce rapport a pour premier terme l'unité, il est assez commode en ce que, pour trouver la circonférence d'un cercle proposé, l'opération se réduit à multiplier le nombre 3,1415926, etc., par le diamètre de ce cercle.

* Pour retenir aisément ce rapport, il faut faire attention que les nombres qui le composent se trouvent en partageant en deux parties égales les trois premiers nombres impairs 1, 3, 5 écrits deux fois de suite en cette manière 113/355.

Il est donc facile actuellement de trouver la surface d'un cercle proposé, du moins aussi exactement que peuvent l'exiger les besoins les plus étendus de la pratique.

Si l'on demande de combien de mètres carrés est la surface d'un cercle qui aurait 20 mètres de diamètre, je calcule sa circonférence comme ci-dessus; et ayant trouvé qu'elle est de 62 mètres et $\frac{6}{7}$, je multiplie 62 $\frac{6}{7}$ par 5, qui est la moitié du rayon (**151**), et j'ai 314 $\frac{2}{7}$ mètres carrés pour la surface de ce cercle.

**153.** On appelle *secteur du cercle* la surface comprise entre deux rayons IA, IB (fig. 74) et l'arc AVB; et on appelle *segment* la surface comprise entre l'arc AVB et sa corde AB.

Puisque le cercle peut être considéré comme un polygone régulier d'une infinité de côtés, un secteur de cercle peut donc être considéré comme une portion de polygone régulier, et sa surface comme composée d'une infinité de triangles qui ont tous leur sommet au centre, et pour hauteur le rayon. Donc *pour avoir la surface d'un secteur de cercle,* il faut multiplier l'arc qui lui sert de base par la moitié du rayon.

A l'égard du segment, il est évident que pour en avoir la surface, il faut retrancher la surface du triangle IAB, de celle du secteur IAVB.

Il est évident que, dans un même cercle, les longueurs des arcs sont proportionnelles à leurs nombres de degrés; que, par conséquent, quand on connaît la longueur de la circonférence, on peut avoir celle d'un arc de tel nombre de degrés qu'on voudra, en faisant cette proportion : 360° *sont au nombre de degrés de l'arc dont on cherche la longueur, comme la longueur de la circonférence est à celle de ce même arc.*

S'il s'agit de trouver la surface d'un secteur dont on connaît le nombre de degrés et le rayon, on cherchera, par la proportion qu'on vient de donner, la longueur de l'arc qui est la base de ce secteur, et on la multipliera par la moitié du rayon. Par exemple, si l'on demande quelle est la surface du secteur de 32° 40′ dans un cercle qui a 20 mètres de diamètre; on trouvera, comme ci-dessus (**151**), que la circonférence est de 62 $\frac{6}{7}$ mètres; cherchant le quatrième terme d'une proportion dont les trois premiers sont 360° : 32° 40′ :: 62 $\frac{6}{7}$ : ce quatrième terme qu'on trouvera de 5 $\frac{19}{27}$, sera la longueur de l'arc de

32° 40′, laquelle étant multipliée par 5, moitié du rayon, donne $28\frac{14}{27}$ pour la surface du secteur de 32° 40′.

Il est aisé, d'après cela, d'avoir la surface du segment en déterminant (fig. 74) le côté AB et la hauteur IZ du triangle IAB, par une opération fondée sur les mêmes principes que celle que nous avons enseignée (121); mais la trigonométrie, que nous verrons par la suite, nous donnera des moyens encore plus expéditifs et plus susceptibles d'exactitude.

**154.** Quoique ce que nous avons dit (149) suffise pour mesurer toute espèce de figure rectiligne, néanmoins il est à propos que nous exposions ici une autre méthode qui est plus simple dans la pratique. Elle consiste (fig. 93) à tirer dans la figure une ligne AG; abaisser de chacun des angles des perpendiculaires BM, LC, DK, EI, FH, sur cette ligne AG; mesurer chacune de ces lignes, ainsi que les intervalles AN, NO, OP, PQ, QR, RG; alors la figure est partagée en plusieurs parties, dont les deux extrêmes tout au plus sont des triangles, et les autres sont des trapèzes; les premiers se mesurent en multipliant la hauteur par la moitié de la base (147); à l'égard des trapèzes, chacun se mesure en multipliant la moitié de la somme des deux côtés parallèles, par la distance perpendiculaire de ces mêmes côtés (148).

Lorsque la figure est une ligne courbe, on la mesurera avec une exactitude suffisante pour la pratique, en partageant la ligne AT (fig. 94) qu'on tirera suivant sa plus grande longueur en un assez grand nombre de parties pour que les arcs interceptés AB, BC, CD, etc., puissent être regardés comme des lignes droites; et pour rendre le calcul le plus simple qu'il soit possible, on fera les parties AO, OP, etc., égales entre elles; alors pour avoir la surface on ajoutera ensemble toutes les lignes BN, CM, DL, EK, FI, et la moitié seulement de la dernière GH si la courbe est terminée par une droite GH perpendiculaire à AT; on multipliera le tout par l'un des intervalles AO, et le produit sera la surface cherchée. C'est une suite immédiate de ce qui a été dit (148); car pour avoir la surface ABN, il faut multiplier AO par la moitié de BN; pour avoir celle de BCMN, il faut multiplier OP ou AO par la moitié de BN et de CM; pour avoir celle de CDLM, il faut multiplier AO par la moitié de CM et de DL, et ainsi de suite; donc, en réunissant ces produits, on voit que AO sera multiplié par 2 moitiés de BN, plus 2 moitiés de CM, plus 2 moitiés de DL, plus 2 moitiés de EK, plus 2 moitiés de FI, plus enfin une moitié seulement de GH, c'est-à-dire que AO doit être multiplié par la totalité des lignes BN, CM, DL, EK, FI, plus la moitié de la dernière.

S'il s'agissait de l'espace BNHG terminé par les deux lignes BN, GH, on prendrait non pas BN entière, mais sa moitié seulement.

La règle que nous venons d'exposer pour mesurer les surfaces planes terminées par des courbes peut être employée fort utilement dans diverses recherches relatives aux navires. On a souvent besoin dans ces recherches de connaître la surface de quelques coupes horizontales du navire ; nous aurons occasion d'en faire usage par la suite.

## DU MÉTRAGE DES SURFACES.

135. L'étendue des surfaces s'exprime généralement en *mètres carrés* et fractions décimales de mètre carré. Si, par exemple, un rectangle a 36 mètres de long sur 14 mètres de large, on multipliera 36 par 14, d'où 504 mètres carrés pour l'étendue de ce rectangle.

Quand une surface est petite, il est plus commode d'exprimer son étendue en unités moindres que le mètre carré, par exemple, en *décimètres carrés*, en *centimètres carrés*, en *millimètres carrés*.

Dans l'arpentage, on exprime les surfaces des terrains en unités plus grandes que le mètre carré, savoir, en *décamètres carrés* ou *ares*, et en *hectomètres carrés* ou *hectares*. Dans ce cas, le mètre carré se nomme *centiare*, parce qu'en effet il est le centième de l'are, ainsi qu'il va être expliqué.

Enfin, s'il s'agit d'exprimer la surface d'une contrée tout entière, on recourt à une unité encore plus grande, au *kilomètre carré*.

Pour connaître la liaison de toutes ces unités de différents ordres, il suffit de remarquer qu'ayant tracé le carré d'un mètre ABCD (fig. 95), si l'on vient à diviser chacun de ses côtés en 10 décimètres, et à mener des droites par les points de division placés en regard les uns des autres, on partagera ce mètre carré en 100 carrés d'un décimètre de côté, c'est-à-dire en 100 *décimètres carrés*. Sans aller plus loin dans cette explication, il est évident que les carrés diminuent par cent quand leurs côtés diminuent par dix, et réciproquement, que ces carrés deviennent cent fois plus grands si leurs côtés sont décuplés. Par conséquent,

le *mètre carré* vaut 100 *décimètres carrés,*
le *décimètre carré* vaut 100 *centimètres carrés,*
le *centimètre carré* vaut 100 *millimètres carrés,*
100 *mètres carrés* ou *centiares* valent 1 *décamètre carré* ou *are,*
100 *décamètres carrés* ou *ares* valent 1 *hectom. carré* ou *hectare,*
100 *hectom. carrés* ou *hectares* valent 1 *kilomètre carré.*

Autrement dit, le mètre carré étant pris pour unité de surface, les décimètres carrés en sont les centièmes; les centimètres carrés, les dix-millièmes; les millimètres carrés, les millionièmes. Et, en remontant, les décamètres carrés ou ares sont des centaines; les hectomètres carrés ou hectares, des dizaines de mille; les kilomètres carrés, des millions.

Si donc on avait le nombre suivant en mètres carrés

$$3541792^{mc},6345$$

on le partagerait en tranches de deux chiffres chacune, à partir de la virgule, et marchant tant à droite qu'à gauche, de la manière suivante :

$$3^{kc}\ 54^{hc}\ 17^{dc}\ 92^{mc},63^{dc}\ 45^{cc},$$

et on l'énoncerait ainsi : 3 *kilomètres carrés,* 54 *hectomètres carrés,* 17 *décamètres carrés,* 92 *mètres carrés,* 63 *décimètres carrés,* 45 *centimètres carrés.*

Réciproquement, ayant une surface exprimée à l'aide de ces différentes mesures, comme celle-ci : 4 *kilomètres carrés,* 23 *hectomètres carrés,* 6 *décamètres carrés,* 50 *mètres carrés,* 75 *centimètres carrés,* on écrirait

$$4\ 23\ 06\ 50^{mc},\ 00\ 75$$

en ayant soin de mettre un zéro pour tenir la place des dizaines de décamètres carrés, qui manquent, et deux zéros à la place des décimètres carrés, dont la tranche manque tout à fait, et cela à cette fin de conserver son rang à chacun des chiffres significatifs du nombre proposé.

Remarquons ici que le *dixième* de mètre carré serait le rectangle qui aurait un mètre de base et un décimètre de hauteur.

Pareillement, la *dizaine* de mètres carrés serait un rectangle d'un décamètre de base sur un mètre de hauteur. Mais ces rectangles ne pourraient être transformés en des carrés ayant les côtés exprimables dans le système décimal du mètre; c'est pourquoi on préfère recourir à des unités de surface croissant et décroissant par cent, puisque leurs côtés marchant par dix, peuvent être exprimés en nombre décimaux et en fractions décimales de l'unité principale.

C'est aussi pour cette raison que si l'on veut changer d'unité de surface, on fait ce changement en déplaçant la virgule de deux rangs, ou de quatre rangs, et en général d'un nombre de rangs pair. Ainsi la surface indiquée en mètres carrés par 546,37, serait exprimée en décamètres carrés par 5,4637, en hectomètres carrés par 0,054637, ayant soin de mettre les zéros nécessaires sur la droite du nombre.

Tout cela posé, si les deux dimensions d'un rectangle étaient rapportées à des unités linéaires différentes, il faudrait d'abord les exprimer à l'aide d'une unité commune, en mètres par exemple; puis multiplier les deux dimensions l'une par l'autre, pour avoir la surface du rectangle, alors exprimée en mètres carrés.

Mais si l'on voulait que cette surface fût indiquée en ares ou décamètres carrés, on commencerait par exprimer les deux dimensions en décamètres, mettant les virgules à la droite des dizaines de mètres. Si le produit était déjà fait entre la base et la hauteur exprimées en mètres, il suffirait d'avancer la virgule de deux rangs vers la gauche, pour passer des mètres carrés aux décamètres carrés.

**136.** Puisque pour avoir la surface d'un rectangle il faut multiplier le nombre des parties de la base par le nombre des parties de la hauteur, il s'ensuit (*Arithm.*, **74**) que si connaissant la surface et le nombre des parties de la hauteur ou de la base, on veut avoir la base ou la hauteur, il faudra diviser le nombre qui exprime la surface par le nombre qui exprime celle des deux dimensions qui sera connue. Mais il faudra que la surface et la dimension connue soient exprimées dans les mêmes unités, les unes superficielles et les autres linéaires; et alors le quotient de l'une par l'autre donnera la dimension qui était à trouver, et celle-ci sera exprimée dans les mêmes unités linéaires.

### DE LA COMPARAISON DES SURFACES.

**157.** *Les surfaces des parallélogrammes sont entre elles, en général, comme les produits des bases par les hauteurs.*

C'est-à-dire que la surface d'un parallélogramme contient celle d'un autre parallélogramme autant que le produit de la base du premier par sa hauteur, contient le produit de la base du second par sa hauteur.

Cela est évident, puisque tout parallélogramme est égal au produit de sa base par sa hauteur.

Déjà il est aisé de conclure que lorsque deux parallélogrammes ont même hauteur ils sont entre eux comme leurs bases, et que lorsqu'ils ont même base ils sont entre eux comme leurs hauteurs; car le rapport des produits ne changera point si l'on omet, dans chacun, le facteur qui leur est commun (*Arithm.*, **170**).

**158.** Puisque les triangles sont (**140**) moitiés de parallélogrammes de même base et de même hauteur, il faut donc conclure que *les triangles de même hauteur sont entre eux comme leurs bases; et les triangles de même base sont entre eux comme leurs hauteurs.*

**159.** *Les surfaces des parallélogrammes ou des triangles semblables sont entre elles comme les carrés de leurs côtés homologues.*

Car les surfaces des deux parallélogrammes ABCD et *abcd* (fig. 96 et 97) sont entre elles (**157**) comme les produits des bases par leurs hauteurs, c'est-à-dire que

$$ABCD : abcd :: BC \times AE : bc \times ae.$$

Mais si les parallélogrammes ABCD, *abcd* sont semblables, et si AB et *ab* sont deux côtés homologues, les triangles AEB, *aeb* seront semblables, parce que outre l'angle droit en E et en *e*, ils doivent avoir de plus l'angle B égal à l'angle *b*; on aura donc (**108**) AE : *ae* :: AB : *ab*, ou :: BC : *bc* à cause des parallélogrammes semblables; on peut donc (**99**) dans les produits $BC \times AE$ et $bc \times ae$, substituer le rapport de BC : *bc* à celui de AE : *ae*, et alors le rapport de ces produits sera celui de $\overline{BC}^2 : \overline{bc}^2$; donc $ABCD : abcd :: \overline{BC}^2 : \overline{bc}^2$; et comme on peut prendre indifféremment pour base tel côté qu'on voudra, on voit donc qu'en général les surfaces des parallélogrammes semblables sont entre elles comme les carrés de leurs côtés homologues.

**160.** A l'égard des triangles semblables, il est évident qu'ils ont la même propriété, puisqu'ils sont moitiés de parallélogrammes de même base et de même hauteur.

**161.** En général, *les surfaces de deux figures semblables quelconques sont entre elles comme les carrés des côtés ou des lignes homologues de ces figures.*

Car les surfaces de deux figures semblables peuvent toujours être regardées comme composées d'un même nombre de triangles semblables chacun à chacun; alors la surface de chaque triangle de la première figure sera à celle du triangle correspondant dans la seconde, comme le carré d'un côté du premier est au carré du côté homologue du second (**160**); donc, puisque tous les côtés homologues étant en même rapport, leurs carrés doivent être aussi tous en même rapport (*Arithm.*, **191**), chaque triangle du premier polygone sera au triangle correspondant du second, comme le carré d'un côté quelconque du premier polygone est au carré du côté homologue du second; donc (*Arithm.*, **186**) la somme de tous les triangles du premier sera à la somme de tous les triangles du second, ou la surface du premier à la surface du second, aussi dans ce même rapport.

**162.** *Les surfaces des cercles sont donc entre elles comme les carrés de leurs rayons ou de leurs diamètres.*

Car les cercles sont des figures semblables (**156**) dont les rayons et les diamètres sont des lignes homologues.

On doit dire la même chose des secteurs et des segments de même nombre de degrés.

On voit donc qu'il n'en est pas des surfaces des figures semblables comme de leurs contours; les contours suivent le rapport simple des côtés (**154**); c'est-à-dire que de deux figures semblables, si un côté de l'une est double, ou triple, ou quadruple, etc., d'un côté homologue de l'autre, le contour de la première sera aussi double, ou triple, ou quadruple du contour de la seconde : mais il n'en est pas ainsi des surfaces;

celle de la première figure serait alors 4 fois, 9 fois, 16 fois, etc., aussi grande que celle de la seconde.

On peut rendre cette vérité sensible par les figures 98 et 99, où l'on voit (fig. 98) que le parallélogramme ABCD, dont le côté AB est double du côté AG du parallélogramme semblable AGIE, contient quatre parallélogrammes parfaitement égaux à celui-ci; et dans la figure 99, le triangle ADF dont le côté AD est double du côté AB du triangle semblable ABC, contient quatre triangles égaux à celui-ci; pareillement le triangle AGK dont le côté AG est triple de AB, contient 9 triangles égaux à ABC. Il en serait de même des cercles; un cercle qui aurait un rayon double, ou triple, ou quadruple, etc. de celui d'un autre cercle, aurait 4 fois, ou 9 fois, ou 16 fois, etc. autant de surface que celui-ci.

On voit, par là, que deux navires qui seraient parfaitement semblables, auraient des voilures dont les surfaces seraient entre elles comme les carrés des hauteurs des mâts, c'est-à-dire comme les carrés des longueurs des navires ou de leurs largeurs; et par conséquent, on peut dire que deux navires semblables, et qui présentent leurs voiles au vent de la même manière, reçoivent des quantités de vent qui sont comme les carrés des longueurs de ces navires. Il n'en faut pas conclure pour cela que leurs vitesses seront dans ce rapport.

Au reste nous n'examinons pas ici si les navires semblables doivent avoir des voilures semblables; c'est un examen qui appartient à la Mécanique.

**165.** Si l'on voulait donc construire une figure semblable à une autre, et dont la surface fût à celle de celle-ci dans un rapport donné, par exemple dans le rapport de 3 à 2, il ne faudrait pas faire les côtés homologues dans le rapport de 3 à 2, car alors les surfaces seraient comme 9 à 4; mais il faudrait faire ces côtés de telle grandeur que leurs carrés fussent entre eux :: 3 : 2; c'est-à-dire en supposant que le côté AB de la figure X (fig. 100) soit de $50^m$ par exemple, il faudrait, pour trouver le côté homologue *ab* de la figure cherchée *x* (fig. 101), calculer le quatrième terme d'une proportion, dont les trois premiers seraient $3 : 2 :: \overline{50}^2$ ou $50 \times 50$ est à un quatrième terme; ce quatrième terme qui est $1666\frac{2}{3}$ serait le carré du côté *ab*; c'est pourquoi, tirant la racine carrée (*Arithm.*, **145**) de $1666\frac{2}{3}$, on trouverait $40^m,824$ pour le côté *ab*. Quand on a un côté de la figure $x$, il est aisé de construire cette figure, selon ce qui a été dit (155).

**164.** *Si sur les trois côtés* AB, BC, AC *d'un triangle rectangle* ABC (fig. 102), *on construit trois carrés* BEFA, BGHC, AILC, *celui qui occupera l'hypoténuse vaut toujours la somme des deux autres.*

Abaissons de l'angle droit B sur l'hypoténuse AC, la perpendiculaire BD; les deux triangles BDA, BDC seront chacun semblable au triangle ABC (142), et par conséquent les surfaces de ces trois triangles seront entre elles comme les carrés de leurs côtés homologues; on a donc cette suite de rapports égaux : ABD : $\overline{AB}^2$ :: BDC : $\overline{BC}^2$ :: ABC : $\overline{AC}^2$ ou ABD : ABEF :: BDC : BGHC :: ABC : AILC; donc (*Arithm.*, 186) ABD+BDC : ABEF+BGHC :: ABC : AILC. Or il est évident que ABC vaut les deux parties ABD+BDC; donc AILC vaut ABEF+BGHC, ce qu'on peut encore exprimer en cette manière $\overline{AC}^2$ vaut $\overline{AB}^2+\overline{BC}^2$.

**165.** Puisque le carré de l'hypoténuse vaut la somme des carrés des deux côtés de l'angle droit, concluons donc que *le carré d'un des côtés de l'angle droit vaut le carré de l'hypoténuse, moins le carré de l'autre côté;* c'est-à-dire que $\overline{BC}^2$ vaut $\overline{AC}^2-\overline{AB}^2$, et $\overline{AB}^2$ vaut $\overline{AC}^2-\overline{BC}^2$.

**166.** Donc *lorsqu'on connaît deux côtés d'un triangle rectangle, on peut toujours calculer le troisième.* Supposons, par exemple, que le côté AB soit de 12 mètres, le côté BC de 25; on demande l'hypoténuse AC. J'ajoute 144 qui est le carré du côté AB, avec 625 qui est le carré du côté BC; la somme 769 est égale au carré de l'hypoténuse AC; donc si je tire la racine carrée de 769, j'aurai l'hypoténuse AC; cette racine est 27,73 à moins d'un centième près; donc le côté AC est de $27^{m},73$.

Si au contraire on donnait l'hypoténuse et un des côtés, on trouverait le second côté par ce qui vient d'être dit (165). Par exemple, si l'hypoténuse AC était de 54 mètres, et le côté BC de 42, et qu'on demandât de combien est le côté AB; alors, de 2916 qui est le carré de l'hypoténuse 54, je retrancherais 1764 qui est le carré du côté BC; le reste 1152 serait donc la valeur du carré du côté AB; tirant la racine carrée de 1152, cette racine qui est 33,94 serait la valeur de AB; c'est-à-dire que AB serait de $33^{m},94$.

Cette proposition est d'une très-grande utilité; nous aurons plus d'une occasion de nous en convaincre par la suite.

**167**. Puisque le carré de l'hypoténuse vaut la somme des carrés des deux côtés de l'angle droit, il s'ensuit que si le triangle rectangle est isoscèle, comme il arrive par exemple dans un carré lorsqu'on tire la diagonale AC (fig. 103), alors le carré de l'hypoténuse sera double du carré d'un de ses côtés : donc la surface d'un carré est à celle du carré fait sur la diagonale comme 1 est à 2; donc (*Arithm.*, **192**) le côté d'un carré est à sa diagonale comme 1 est à la racine carrée de 2; et comme cette racine ne peut être exprimée exactement en nombres, il s'ensuit qu'on ne peut avoir exactement en nombres le rapport du côté d'un carré à sa diagonale, c'est-à-dire que la diagonale est *incommensurable*, ou n'a aucune commune mesure avec son côté.

**168**. Dans la démonstration du n° **164**, on a vu que la similitude des triangles ABC, ADB, CDB, donne

$$ABC : \overline{AC}^2 :: ADB : \overline{AB}^2 :: BDC : \overline{BC}^2,$$

ou bien $$ABC : ADB : BDC :: \overline{AC}^2 : \overline{AB}^2 : \overline{BC}^2;$$

mais les triangles ABC, ADB, BDC étant tous trois de même hauteur, sont entre eux comme leurs bases (**158**); donc ABC : ADB : BDC :: AC : AD : DC; donc aussi

$$\overline{AC}^2 : \overline{AB}^2 : \overline{BC}^2 :: AC : AD : DC;$$

donc *le carré fait sur l'hypoténuse est à chacun des carrés faits sur les deux autres côtés, comme l'hypoténuse est à chacun des segments correspondants à ces côtés.*

**169**. De là on peut conclure le moyen de faire, par lignes, ce que nous avons enseigné à faire par nombres (**165**); c'est-à-dire de construire une figure $x$ semblable à une figure proposée X (fig. 100 et 101), et dont la surface soit à celle de celle-ci dans un rapport donné.

On tirera (fig. 104) une ligne indéfinie DE sur laquelle on prendra les deux parties DP et PE telles que DP soit à PE comme la surface de la figure donnée X (fig. 100) doit être à celle de la figure cherchée $x$ (fig. 101), c'est-à-dire, :: 3 : 2, si l'on veut que $x$ soit les $\frac{2}{3}$ de X. Sur DE (fig. 104) comme diamètre, on décrira le demi-cercle DBE, et ayant élevé au point P la perpendiculaire PB, on mènera, du point B où elle rencontre la circonférence, aux deux extrémités D et E, les cordes DB, BE. Sur DB on prendra BA égal à un côté AB de la figure X, et ayant mené AC parallèle à DE, on aura BC pour le côté homologue de la figure cherchée $x$, qu'on construira ensuite comme il a été dit (155). En voici la raison : la surface de la figure X doit être à celle de la figure $x$, comme le carré du côté AB est au carré du côté cherché $ab$, c'est-à-dire :: $\overline{AB}^2 : \overline{ab}^2$; or on veut que ces deux surfaces soient aussi l'une à l'autre :: 3 : 2; il faut donc que $\overline{AB}^2 : \overline{ab}^2$ :: 3 : 2. Or (fig. 104) AB : BC :: BD : BE, et par conséquent (*Arithmétique*, **191**) $\overline{AB}^2 : \overline{BC}^2$ :: $\overline{BD}^2 : \overline{BE}^2$; mais comme le triangle DBE est rectangle, on a (**168**) $\overline{BD}^2 : \overline{BE}^2$ :: DP : PE, c'est-à-dire :: 3 : 2; donc $\overline{AB}^2 : \overline{BC}^2$ :: 3 : 2; donc aussi $\overline{AB}^2 : \overline{BC}^2$ :: $\overline{AB}^2 : \overline{ab}^2$; donc $ab$ doit être égal à BC.

**170.** Il suit encore de ce qu'on vient de dire (**168**), que *les carrés des cordes* AC, AD, *etc., menées par l'extrémité d'un diamètre* AB (fig. 105) *sont entre eux comme les parties* AP, AO, *etc. que coupent sur ce diamètre les perpendiculaires abaissées des extrémités de ces cordes.*

Car en tirant les cordes BC et BD, on aura (**168**) dans le triangle rectangle ABC

$$\overline{AB}^2 : \overline{AC}^2 :: AB : AP$$

et dans le triangle rectangle ADB,

$$\overline{AD}^2 : \overline{AB}^2 :: AO : AB$$

donc (**100**)

$$\overline{AD}^2 : \overline{AC}^2 :: AO : AP$$

## DES PLANS.

**171.** Après avoir établi la mesure et les rapports des surfaces planes, il ne nous reste plus, pour pouvoir passer aux solides, qu'à considérer les propriétés des lignes droites dans leurs différentes positions à l'égard des plans, et celles des plans dans leurs différentes positions les uns à l'égard des autres; c'est ce dont nous allons nous occuper actuellement.

Nous ne supposons aux plans dont il va être question aucune grandeur ni aucune figure déterminée; nous les supposons étendus indéfiniment dans tous les sens; ce n'est que pour aider l'imagination que nous leur donnons les figures par lesquelles nous les représentons ici.

**172.** *Une ligne droite ne peut être en partie dans un plan, et en partie élevée ou abaissée à son égard.*

Car (5) le plan est une surface à laquelle une ligne droite s'applique exactement.

**173.** *Il en est de même d'un plan à l'égard d'un autre plan.*
Car une ligne droite qu'on tirerait dans la partie plane commune à ces deux plans, pouvant être prolongée indéfiniment dans l'un et dans l'autre, se trouverait en partie dans l'un de ces plans, et en partie élevée ou abaissée à son égard, ce qui ne peut être (**172**).

**174.** *Deux lignes* AB, CD (fig. 106) *qui se coupent, sont dans un même plan.*

Car il est évident qu'on peut faire passer un plan par l'une AB de ces lignes, et par un point pris arbitrairement dans la seconde; et comme le point d'intersection E, en tant qu'appartenant à AB, est dans ce même plan, la ligne CD a donc deux points dans ce plan : elle y est donc tout entière.

**175.** *La rencontre ou l'intersection de deux plans ne peut être qu'une ligne droite.*

Il est évident qu'elle doit être une ligne, puisque aucun des deux plans n'a d'épaisseur : de plus, elle doit être une ligne droite, car une ligne droite qu'on tirerait par deux points de cette intersection est nécessairement tout entière dans chacun des deux plans; elle est donc l'intersection même.

**176.** *On peut donc faire passer par une même ligne droite une infinité de plans différents.*

**177.** Nous disons qu'*une ligne est perpendiculaire à un plan* quand elle ne penche d'aucun côté de ce plan.

**178.** *Une perpendiculaire* AB *à un plan* GE (fig. 107) *est donc perpendiculaire à toutes les lignes* BC, BC, BC, etc., *qu'on peut mener par son pied, dans ce plan*; car s'il y en avait une à laquelle elle ne fût pas perpendiculaire, elle inclinerait vers cette ligne, et par conséquent vers le plan.

**179.** *La ligne* AB (fig. 108) *étant perpendiculaire au plan* GE, *si par son pied* B *on tire une ligne* BC *dans le plan* GE, *et qu'on conçoive que le plan* ABC *tourne autour de* AB, *je dis que, dans ce mouvement, la ligne* BC *ne sortira point du plan* GE.

Imaginons le plan AB arrivé dans une position quelconque ABD; si la ligne BC qui alors est en BD, n'était point dans le plan GE, le plan ABD rencontrerait donc le plan GE dans une ligne droite BF, à laquelle AB serait perpendiculaire (**178**); BF serait donc aussi perpendiculaire sur AB; et comme BD est supposée perpendiculaire sur AB au même point B, il s'ensuivrait donc qu'au même point B et dans un même plan ABD, on pourrait élever deux perpendiculaires à AB, ce qui (**27**) est impossible; donc BF ne peut être différente de BD; donc BC ne peut, dans son mouvement autour de AB, sortir du plan GE.

**180**. Donc, *pour qu'une ligne droite* AB (fig. 108) *soit perpendiculaire à un plan* GE, *il suffit qu'elle soit perpendiculaire à deux lignes* BC, BD *qui se rencontrent à son pied dans ce plan.*

Car si l'on conçoit que le plan de l'angle droit ABC tourne autour de AB, la ligne BC tracera (**179**) un plan auquel AB sera perpendiculaire; or, je dis que ce plan ne peut être autre que le plan GE des deux lignes BC et BD; car l'angle ABD étant droit ainsi que l'angle ABC, la ligne BC, en tournant autour de AB, aura nécessairement la ligne BD pour une de ses positions; donc BD est dans le plan tracé par BC; donc AB est perpendiculaire au plan CBD.

**181**. *Si d'un point* A *d'une droite* AI *oblique à un plan* GE (*fig.* 109), *on abaisse une perpendiculaire* AB *sur ce plan, et qu'ayant joint les pieds* B *et* I *de la perpendiculaire et de l'oblique, par une droite* BI, *on mène à cette dernière une perpendiculaire* CD *dans le plan* GE; *je dis que* AI *sera aussi perpendiculaire à* CD.

Prenons, à commencer du point I, les parties égales IC, ID, et tirons les lignes BC et BD; ces deux dernières lignes seront égales entre elles (**29**); donc les deux triangles ABC, ABD seront égaux; car outre l'angle ABC égal à l'angle ABD, comme étant chacun droit, le côté AB est commun, et BC est égal à BD selon ce qu'on vient de prouver : ils ont donc un angle égal compris entre côtés égaux chacun à chacun; ils sont donc égaux; donc AD est égal à AC; la ligne AI a donc deux points A et I également éloignés du point C et du point D; elle est donc perpendiculaire sur CD (**32**).

**182.** *Un plan* est dit *perpendiculaire à un autre plan*, quand il ne penche ni d'un côté ni de l'autre de ce dernier.

**183.** Donc, *par une même ligne* CD (fig. 110) *prise dans un plan* GE, *on ne peut conduire plus d'un plan perpendiculaire à ce plan* GE.

**184.** *Un plan* CK *est perpendiculaire à un autre plan* GE, *quand il passe par une droite* AB *perpendiculaire à celui-ci;* car il est évident qu'il ne peut incliner d'aucun côté du plan GE.

**185.** *Si par un point* A *pris dans le plan* CK *perpendiculaire au plan* GE, *on mène une perpendiculaire* AB *à la commune section* CD, *cette ligne sera aussi perpendiculaire au plan* GE.

Car si elle ne l'était pas, on pourrait par le point B où elle tombe, élever une perpendiculaire au plan GE, et conduire par cette perpendiculaire et par la commune section CD, un plan qui (**184**) serait perpendiculaire au plan GE; on pourrait donc, par une même ligne CD, prise dans le plan GE, mener deux plans perpendiculaires à celui-ci; ce qui est impossible (**183**); donc AB est perpendiculaire au plan GE.

**186.** Donc *le plan* CK *étant perpendiculaire au plan* GE; *la perpendiculaire* AB *qu'on élèvera sur le plan* GE, *par un point* B *de la section commune, sera nécessairement dans le plan* CK.

De cette proposition il suit que *deux perpendiculaires* BA, LM *à un même plan* GE *sont parallèles*.

Car si l'on joint leurs pieds B et L par une ligne BL, et que par cette ligne et par AB on conduise un plan CK, ce plan sera perpendiculaire au plan GE (**184**); et puisque LM est alors une perpendiculaire au plan GE, menée par un point L du plan CK, elle sera donc dans le plan CK (**186**); or, puisque les deux lignes AB, LM sont toutes deux dans un même plan et perpendiculaires à la même ligne BL, elles sont parallèles (**36** et **37**).

**187.** Donc, *si deux droites* AB, CD (fig. 112) *sont parallèles chacune à une troisième* HF, *elles seront aussi parallèles entre elles;* car les lignes AB, HF étant parallèles peuvent être toutes deux perpendiculaires à un même plan GE; par la même raison CD et HF peuvent être perpendiculaires au même plan GE; donc AB et CD étant perpendiculaires à un même plan, seront parallèles.

**188.** *Si deux plans* CK, NL (fig. 111) *sont perpendiculaires à un troisième* GE, *leur commune section* AB *sera aussi perpendiculaire au plan* GE.

Car la perpendiculaire qu'on élèverait par le point B sur le plan GE, doit être dans chacun de ces deux plans (186); elle ne peut donc être autre que l'intersection commune.

**189.** On appelle *angle plan*, l'ouverture de deux plans GF, GE (fig. 113) qui se rencontrent : cet angle s'appelle aussi l'*inclinaison* de l'un de ces plans à l'égard de l'autre.

L'angle plan formé par les deux plans GF, GE, n'est autre chose que la quantité dont le plan GF aurait dû tourner autour de AG pour venir dans sa situation actuelle, s'il avait été d'abord couché sur le plan GE.

**190.** De là il est aisé de voir que si, par un point B pris dans la commune section AG, on mène dans le plan GE la perpendiculaire BD à AG, et dans le plan GF la perpendiculaire BC à la même ligne AG, l'angle formé par les deux plans est la même chose que l'angle formé par les deux lignes BD et BC; car il est facile de voir que pendant le mouvement du plan GF, la ligne BC s'écarte de la ligne BD sur laquelle elle était couchée au commencement du mouvement, s'écarte, dis-je, de BD, précisément selon la même loi, selon laquelle le plan GF s'écarte du plan GE.

**191.** Donc *un angle plan a même mesure que l'angle rectiligne compris entre deux lignes tirées, dans chacun des deux plans qui le forment, perpendiculairement à la commune section, et d'un même point de cette ligne.*

De là il est si aisé de conclure les propositions suivantes, que nous nous contenterons de les énoncer.

**192.** *Un plan qui tombe sur un autre plan forme deux angles qui, pris ensemble, valent* 180°.

**193.** *Les angles formés par tant de plans qu'on voudra, qui passent tous par une même droite, valent* 360°.

**194.** *Deux plans qui se coupent, font les angles opposés au sommet égaux.*

**195.** On appelle *plans parallèles* ceux qui ne peuvent jamais se rencontrer, à quelque distance qu'on les imagine prolongés.

**196.** *Les plans parallèles sont donc partout également éloignés.*

**197.** *Si deux plans parallèles sont coupés par un troisième plan* (fig. 114), *les intersections* AB, CD *seront deux droites parallèles;* car, comme elles sont dans un même plan ABCD, elles ne pourraient manquer de se rencontrer si elles n'étaient pas parallèles, et alors il est évident que les plans se rencontreraient aussi.

**198.** *Deux plans parallèles coupés par un troisième ont les mêmes propriétés, dans les angles qu'ils forment avec ce troisième, que deux lignes droites parallèles à l'égard d'une troisième droite qui les coupe.* C'est une suite de ce qui a été dit (**191**).

### PROPRIÉTÉS DES LIGNES DROITES COUPÉES PAR DES PLANS PARALLÈLES.

**199.** *Si d'un point* I *pris hors du plan* GE (fig. 115), *on tire à différents points* K, L, M *de ce plan des droites* IK, IL, IM, *et qu'on coupe ces droites par un plan* ge *parallèle au plan* GE, *je dis,* 1° *que ces droites seront coupées proportionnellement*; 2° *que la figure* klm *sera semblable à la figure* KLM.

Ne supposons d'abord que trois points K, L, M. Puisque les droites *kl*, *lm*, *mk*, sont les intersections des plans IKL, ILM, IKM avec le plan *ge*, elles sont parallèles aux droites KL, LM, MK, intersections des mêmes plans avec le plan GE (**197**); donc les triangles IKL, ILM, IMK sont semblables aux triangles I*kl*, I*lm*, I*mk* chacun à chacun; donc IK : I*k* :: KL : *kl* :: IL : I*l* :: LM : *lm* :: IM : I*m* :: MK : *mk*; or, 1° si de cette suite de rapports égaux on tire seulement ceux qui renferment les droites qui partent du point I, on aura IK : I*k* :: IL : I*l* :: IM : I*m*; donc les droites IK, IL, IM sont coupées proportionnellement.

2° Si de la même première suite de rapports égaux on tire ceux qui renferment les lignes comprises dans les deux plans parallèles, on aura KL : *kl* :: LM : *lm* :: KM : *km*; donc les deux triangles KLM, *klm* sont semblables, puisqu'ils ont les côtés proportionnels.

Supposons maintenant tel nombre de points A, B, C, D, F, etc. qu'on voudra; on démontrera, précisément de la même manière, que les droites IA, IB, IC, etc. sont coupées proportionnellement; et si l'on imagine les diagonales AC, AD, etc., *ac*, *ad*, etc., menées des deux angles correspondants A et *a*, on démontrera aussi, de la même manière, que les triangles ABC, ACD, etc., sont semblables aux triangles *abc*, *acd*, etc. chacun à chacun; donc les deux polygones ABCDF, *abcdf* étant composés d'un même nombre de triangles semblables chacun à chacun, et semblablement disposés, sont semblables (155).

**200.** Puisque les deux figures KLM, *klm* sont semblables, concluons-en que l'angle KLM est égal à l'angle *klm*, et, par conséquent, *si deux droites* KL, LM, *qui comprennent un angle* KLM, *sont parallèles à deux droites* kl, lm *qui comprennent un angle* klm, *l'angle* KLM *sera égal à l'angle* klm, *lors même que ces deux angles ne seront pas dans un même plan* : nous avons donné cette même proposition (45); mais nous supposions que les deux angles étaient dans un même plan.

**201.** Il suit encore de ce que les deux figures ABCDF et *abcdf* sont semblables, et de ce que les deux figures KLM, *klm* sont semblables; il suit, dis-je, que *les surfaces des deux sections* abcdf, klm *sont entre elles comme celles des deux figures* ABCDF, KLM.

Car ABCDF : *abcdf* :: $\overline{AB}^2 : \overline{ab}^2$ (161).

Mais les triangles semblables IAB, *Iab* donnent AB : *ab* :: IA : *Ia*.

Et par conséquent (*Arithm.*, 191) $\overline{AB}^2 : \overline{ab}^2 :: \overline{IA}^2 : \overline{Ia}^2$, ou (199) $:: \overline{IM}^2 : \overline{Im}^2$, ou (à cause des triangles semblables IML, *Iml*) $:: \overline{LM}^2 : \overline{lm}^2$; et par conséquent (161) :: KLM : *klm*; donc ABCDF : *abcdf* :: KLM : *klm*, ou (*Arithm.*, 182) ABCDF : KLM :: *abcdf* : *klm*.

**202.** Cette démonstration fait voir en même temps que les surfaces ABCDF, *abcdf* sont entre elles comme les carrés de deux droites IA et I*a* tirées du point I à deux points correspondants de ces deux figures, et par conséquent (199) comme les carrés des hauteurs ou perpendiculaires IP, I*p* menées du point I sur les plans GE et *ge*.

Concluons donc 1° que si les deux surfaces ABCDF, KLM étaient égales, les deux surfaces *abcdf*, *klm* seraient aussi égales.

2° Que tout ce que nous venons de dire aurait encore lieu si le point I, au lieu d'être commun aux droites IA, IB, IC, etc., et aux droites IM, IL, etc., était différent pour chaque figure, pourvu qu'il fût à même hauteur au-dessus du plan *ge*.

# TROISIÈME SECTION.

## DES SOLIDES.

**203.** Nous avons nommé *solide*, ou *volume*, ou *corps* (1), tout ce qui a les trois dimensions, *longueur*, *largeur* et *profondeur*.

Nous allons nous occuper de la mesure et des rapports des solides.

Nous considérerons les solides terminés par des surfaces planes : et de ceux qui sont renfermés par des surfaces courbes, nous ne considérerons que le *cylindre*, le *cône* et la *sphère*.

Les solides terminés par des surfaces planes se distinguent, en général, par le nombre et la figure des plans qui les renferment; ces plans doivent être au moins au nombre de quatre.

**204.** Un solide dont deux faces opposées sont deux plans égaux et parallèles, et dont toutes les autres faces sont des parallélogrammes, s'appelle en général un *prisme* (fig. 116, 117, 118, 119).

On peut donc regarder le prisme comme engendré par le mouvement d'un plan BDF qui glisserait parallèlement à lui-même le long d'une ligne droite AB (fig. 116).

Les deux plans parallèles se nomment les *bases* du prisme, et la perpendiculaire LM menée d'un point de l'une des bases sur l'autre base, se nomme la *hauteur*.

De l'idée que nous venons de donner du prisme, il suit, qu'à quelque endroit qu'on coupe un prisme par un plan parallèle à sa base, la section sera toujours un plan parfaitement égal à la base.

Les lignes telles que BA qui sont les rencontres de deux parallélogrammes consécutifs, sont nommées les *arêtes du prisme*.

Le prisme est *droit*, lorsque les arêtes sont perpendiculaires à la base; alors elles sont toutes égales à la hauteur (fig. 117 et 119.)

Au contraire le prisme est *oblique*, lorsque ses arêtes inclinent sur la base.

Les prismes se distinguent par le nombre des côtés de leur base ; si la base est un triangle, le prisme est dit *prisme triangulaire* (fig. 116); si la base est un quadrilatère, on l'appelle *prisme quadrangulaire* (fig. 117); et ainsi de suite.

Parmi les prismes quadrangulaires, on distingue plus particulièrement le *parallélipipède* et le *cube*.

Le *parallélipipède* est un prisme quadrangulaire dont les bases, et par conséquent toutes les faces, sont des parallélogrammes; et lorsque le parallélogramme qui sert de base est un rectangle, et qu'en même temps le prisme est droit, on l'appelle *parallélipipède rectangle* (voy. fig. 117).

Le parallélipipède rectangle prend le nom de *cube* lorsque la base est un carré, et que l'arête AB (fig. 119) est égale au côté de ce carré.

Le cube est donc un solide compris sous six carrés égaux. C'est avec ce solide qu'on mesure tous les autres, comme nous le verrons dans peu.

**205.** Le *cylindre* est le solide compris entre deux cercles égaux et parallèles, et la surface que tracerait une ligne AB (fig. 120 et 121), qui glisserait parallèlement à elle-même le long des deux circonférences. Le cylindre est *droit* quand la ligne CF (fig. 120), qui joint les centres des deux bases opposées, est perpendiculaire à ces cercles : cette ligne CF s'appelle l'*axe* du cylindre. Et le cylindre est *oblique* quand cette même ligne CF incline sur la base (fig. 121).

On peut considérer le cylindre droit comme engendré par le mouvement du parallélogramme rectangle FCDE tournant autour de son côté CF.

**206.** La *pyramide* est un solide compris sous plusieurs plans, dont l'un, qu'on appelle la *base*, est un polygone quelconque, et les autres, qui sont tous des triangles, ont pour base les côtés de ce polygone, et ont tous leurs sommets réunis en un même point qu'on appelle le *sommet* de la pyramide (fig. 122, 123, 124).

La perpendiculaire AM menée du sommet sur le plan qui sert de base, s'appelle la *hauteur* de la pyramide.

Les pyramides se distinguent par le nombre des côtés de

leurs bases ; en sorte que celle qui a pour base un triangle, est appelée *pyramide triangulaire* ; celle qui a pour base un quadrilatère, *pyramide quadrangulaire* ; et ainsi de suite.

La pyramide est dite *régulière*, lorsque le polygone qui lui sert de base est régulier, et qu'en même temps la perpendiculaire AM (fig. 124) menée du sommet, passe par le centre de ce polygone.

La perpendiculaire AG menée du sommet A sur l'un DE des côtés de la base, s'appelle *apothème*.

Il est clair que tous les triangles qui aboutissent au point A sont égaux et isoscèles ; car ils ont tous les bases égales, et les arêtes AB, AC, AD, etc. sont toutes égales, puisque ce sont toutes des obliques également éloignées de la perpendiculaire AM (**29**).

Il n'est pas moins évident que tous les apothèmes sont égaux.

**207.** Le cône (fig. 125 et 126) est le solide renfermé par le plan circulaire BGDH qu'on appelle la *base* du cône, et par la surface que tracerait une ligne AB tournant autour du point fixe A et rasant toujours la circonférence BGDH.

Le point A s'appelle le *sommet* du cône.

La perpendiculaire menée du sommet sur le plan de la base, se nomme la *hauteur* du cône : et le cône est *droit* ou *oblique*, selon que cette perpendiculaire passe (fig. 125) ou ne passe point (fig. 126) par le centre de la base.

On peut concevoir le cône droit comme engendré par le mouvement du triangle rectangle ACD (fig. 125) tournant autour du côté AC.

**208.** La *sphère* est un solide terminé de toutes parts par une surface dont tous les points sont également éloignés d'un même point.

On peut considérer la sphère comme le solide qu'engendrerait le demi-cercle ABD (fig. 128) tournant autour du diamètre AD.

Il est évident que toute *coupe* ou toute *section* de la sphère par un plan est un cercle. Si ce plan passe par le centre, la section s'appelle *grand cercle* de la sphère ; et on appelle au contraire *petit cercle*, toute section de la sphère par un plan qui ne passe point par le centre.

Le *secteur sphérique* est le solide qu'engendrerait le secteur circulaire BCA tournant autour du rayon AC. La surface que décrirait l'arc AB dans ce mouvement s'appelle *calotte sphérique*.

Le *segment sphérique* est le solide qu'engendrerait le demi-segment circulaire AFB, tournant autour de la partie AF du rayon.

### DES SOLIDES SEMBLABLES.

**209.** Les *solides semblables* sont ceux qui sont composés d'un même nombre de faces semblables chacune à chacune, et semblablement disposées dans les deux solides.

**210.** *Les arêtes homologues et les sommets des angles solides homologues sont donc des lignes et des points semblablement placés dans les deux solides*; car les arêtes homologues et les sommets des angles solides homologues sont des lignes et des points semblablement placés à l'égard des faces auxquelles elles appartiennent, puisque ces faces sont supposées semblables; or ces faces sont semblablement disposées dans les deux solides; donc, etc.

**211.** Donc *les triangles qui joignent un angle solide et les extrémités d'une arête homologue dans chaque solide, sont deux figures semblables et semblablement disposées dans les deux solides*; car les extrémités des arêtes homologues sont elles-mêmes les sommets d'angles solides homologues, qui sont (**210**) semblablement placés à l'égard des solides.

**212.** *Les diagonales qui joignent deux angles solides homologues sont donc entre elles comme les arêtes homologues de ces solides*; car elles sont les côtés des triangles semblables dont on vient de parler, et qui ont pour l'un de leurs côtés des arêtes homologues.

Donc deux solides semblables peuvent être partagés en un même nombre de pyramides semblables chacune à chacune, par des plans conduits par deux angles homologues et par deux arêtes homologues. Car les faces de ces pyramides seront composées de triangles semblables, et semblablement disposés dans les deux solides (**211**); et les bases de ces mêmes pyramides seront aussi semblables, puisqu'elles sont des faces homologues des deux solides; donc (**209**) ces pyramides seront semblables.

**213.** *Si de deux angles homologues on abaisse des perpendiculaires sur deux faces homologues, ces perpendiculaires seront entre elles dans le rapport de deux arêtes homologues quelconques.*

Car les deux angles homologues étant semblablement disposés à l'égard de deux faces homologues (**210**), doivent nécessairement être à des distances de ces faces qui soient entre elles dans le rapport des dimensions homologues des deux solides.

### DE LA MESURE DES SURFACES DES SOLIDES.

**214.** Les surfaces des prismes et des pyramides étant composées de parallélogrammes, de triangles et de polygones rectilignes, nous pourrions nous dispenser de rien dire ici sur la manière dont on doit s'y prendre pour les mesurer, puisque nous avons donné (**145**, **147** et **149**) les moyens de mesurer les parties dont elles sont composées. Mais on peut tirer de ce que nous avons dit à ce sujet, quelques conséquences qui non-seulement serviront à simplifier les opérations qu'exigent ces mesures, mais nous seront encore utiles pour évaluer les surfaces des cylindres, des cônes et même de la sphère.

**215.** *La surface d'un prisme quelconque (en n'y comprenant point les deux bases) est égale au produit de l'une des arêtes de ce prisme, par le contour d'une section* bdfhk (fig. 118) *faite par un plan auquel cette arête serait perpendiculaire.*

Car puisque l'arête AB est supposée perpendiculaire au plan *bdfhk*, les autres arêtes qui sont toutes parallèles à celle-là, seront aussi perpendiculaires au plan *bdfhk*; donc réciproquement les droites *bd*, *df*, *fh*, *hk*, etc., seront perpendiculaires chacune sur l'arête qu'elle coupe; en considérant donc les arêtes comme les bases des parallélogrammes qui enveloppent le prisme, les lignes *bd*, *df*, *fh* en seront les hauteurs. Il faudra donc, pour avoir la surface du prisme, multiplier l'arête AB par la perpendiculaire *bd*; l'arête CD, par la perpendiculaire *df*, et ainsi de suite; et ajouter tous ces produits : mais comme toutes les arêtes sont égales, il est évident qu'il revient au même d'en multiplier une seule AB, par la somme de toutes les hauteurs, c'est-à-dire par le contour *bdfhk*.

**216.** Quand le prisme est droit, la section *bdfhk* ne diffère pas de la base BDFHK, et l'arête AB est alors la hauteur du prisme; donc *la surface d'un prisme droit (en n'y comprenant point les deux bases) est égale au produit du contour de la base, multiplié par la hauteur.*

**217.** Nous avons vu ci-dessus (**156**) qu'on pouvait considérer le cercle comme un polygone régulier d'une infinité de côtés; donc le cylindre peut être considéré comme un prisme dont le nombre des parallélogrammes qui composent la surface serait infini. Donc

*La surface d'un cylindre droit est égale au produit de la hauteur de ce cylindre par la circonférence de sa base.* Nous avons vu (**152**) comment on doit s'y prendre pour avoir cette circonférence.

*A l'égard du cylindre oblique*, il faut multiplier sa longueur AB par la circonférence de la section *bgdh* (fig. **121**), cette section étant faite comme il a été dit (**215**). La méthode pour déterminer la longueur de cette section dépend de connaissances plus étendues que celles que nous avons données jusqu'ici; dans la pratique, il faut se contenter de la mesurer mécaniquement, en enveloppant le cylindre avec un fil (ou autre chose équivalente) qu'on aura soin d'assujettir dans un plan auquel la longueur AB de ce cylindre soit perpendiculaire.

**218.** *Pour la pyramide*, si elle n'est pas régulière, il faut chercher séparément la surface de chacun des triangles qui la composent, et ajouter ces surfaces.

Mais si elle est régulière, on peut avoir sa surface plus brièvement, en multipliant le contour de sa base par la moitié de l'apothème AG (fig. 124); car tous les triangles étant de même hauteur, il suffit de multiplier la moitié de la hauteur commune par la somme de toutes les bases.

**219.** En considérant encore la circonférence d'un cercle comme un polygone régulier d'une infinité de côtés, on voit que le cône n'est au fond qu'une pyramide régulière, dont la surface (non compris celle de la base) est composée d'une infinité de triangles, et que par conséquent *la surface convexe d'un cône droit est égale au produit de la circonférence de sa base par la moitié du côté* AB *de ce cône* (fig. 125).

*A l'égard de la surface du cône oblique*, elle dépend d'une géométrie plus composée; ainsi nous n'en parlerons point ici.

Au reste, la manière dont nous venons de considérer le cône, donne le moyen de le mesurer à peu près, lorsqu'il est oblique. Il faut partager la circonférence de la base en un assez grand nombre d'arcs, pour que chacun puisse être considéré, sans erreur sensible, comme une ligne droite; et alors on calculera la surface comme pour une pyramide qui aurait autant de triangles qu'on a d'arcs.

**220.** *Pour avoir la surface d'un tronc de cône droit, dont les bases opposées* BGDH, bgdh (fig. 127) *sont parallèles, il faut multiplier le côté* Bb *de ce tronc par la moitié de la somme des circonférences des deux bases opposées.*

En effet, on peut concevoir cette surface comme l'assemblage d'une infinité de trapèzes tels que EF*fe* dont les côtés E*e*, F*f* tendent au sommet A; or la surface de chacun de ces trapèzes est égale à la moitié de la somme des deux bases opposées EF, *ef*, multipliée par la distance de ces deux bases (**148**); mais cette distance ne diffère pas des côtés E*e*, F*f* ou B*b*; donc pour avoir la somme de tous ces trapèzes, il faut multiplier la moitié de la somme de toutes les bases opposées, telles que EF, *ef*, c'est-à-dire la moitié de la somme des deux circonférences, par la ligne B*b*, hauteur commune de tous ces trapèzes.

**221.** Si par le milieu M du coté B*b*, on conduit un plan parallèle à la base, la section (**199**) sera un cercle, dont la circonférence sera la moitié de la somme des circonférences des deux bases opposées, puisque son diamètre MN (**148**) est la moitié de la somme de ceux des bases, et que (**136**) les circonférences sont entre elles comme leurs diamètres. Donc *la surface d'un cône tronqué, à bases parallèles, est égale au produit du côté du tronc par la circonférence de la section faite à distances égales des deux bases opposées.* Cette proposition va nous servir pour la démonstration de la suivante.

**222.** *La surface d'une sphère est égale au produit de la circonférence d'un de ses grands cercles multipliée par le diamètre.*

Concevez la demi-circonférence AKD (fig. 129) divisée en une infinité d'arcs; chacun de ces arcs, tels que KL, étant infiniment petit, se confondra avec sa corde.

Menons par les extrémités de KL les perpendiculaires KE, LF au diamètre AD; et par le milieu I de KL ou de sa corde, menons IH parallèle à KE, et le rayon IC; ce rayon sera perpendiculaire sur KL (52); tirons enfin KM perpendiculaire sur IH ou sur LF. Si l'on conçoit que la demi-circonférence AKD tourne autour de AD, elle engendrera la surface de la sphère, et chacun de ses arcs KL engendrera la surface d'un cône tronqué qui sera un élément de celle de la sphère. Nous allons voir que la surface de ce cône tronqué est égale au produit de KM ou EF multiplié par la circonférence qui a pour rayon IC ou AC.

Le triangle KML est semblable au triangle IHC, puisque ces deux triangles ont les côtés perpendiculaires l'un à l'autre, d'après ce qu'on vient de prescrire. Ces triangles semblables donneront donc (112) cette proportion KL : KM :: IC : IH; ou puisque (136) les circonférences sont entre elles comme leurs rayons, KL : KM :: circ IC : circ IH*; donc, puisque (*Arith.*, 178) dans toute proportion le produit des extrêmes est égal au produit des moyens, KL × circ IH est égal à KM × circ IC, ou (ce qui revient au même) est égal à EF × circ AC. Or, (221) le premier de ces produits exprime la surface du cône tronqué engendré par KL; donc ce cône tronqué est égal à EF × circ AC, c'est-à-dire au produit de sa hauteur EF par la circonférence d'un grand cercle de la sphère. Et comme en prenant tout autre arc que KL, on démontrerait la même chose et de la même manière, on doit conclure que la somme des petits cônes tronqués qui composent la surface de la sphère, est égale à la circonférence d'un des grands cercles multipliée par la somme des hauteurs de ces cônes tronqués, laquelle somme compose évidemment le diamètre. Donc la surface de la sphère est égale à la circonférence d'un de ses grands cercles multipliée par le diamètre.

**223.** Si l'on conçoit un cylindre (fig. 130) qui entoure la sphère en la touchant, et qui ait pour hauteur le diamètre de cette sphère, c'est-à-dire si l'on conçoit un cylindre circonscrit à la sphère, on pourra conclure que *la surface de la sphère est égale à la surface convexe du cylindre circonscrit*; car (217) la surface de ce cylindre est égale au produit de la circonférence de la base multipliée par la hauteur; or, la circonférence de la base est celle d'un grand cercle de la sphère et la hauteur est égale au diamètre; donc, etc.

* Par ces expressions circ IC, circ IH, nous entendons la circonférence qui a pour rayon IC, la circonférence qui a pour rayon IH.

**224.** Puisque (**151**) pour avoir la surface d'un cercle il faut multiplier la circonférence par la moitié du rayon ou le quart du diamètre, et que pour avoir celle de la sphère, il faut multiplier la circonférence par le diamètre; on doit donc dire que *la surface de la sphère est quadruple de celle d'un de ses grands cercles.*

**225.** La démonstration que nous venons de donner de la mesure de la surface de la sphère, prouve également que pour avoir la surface convexe du segment sphérique qu'engendrerait l'arc AL (fig. 131) tournant autour du diamètre AD, il faut multiplier la circonférence d'un grand cercle de la sphère par la hauteur AI de ce segment; et que pour avoir celle d'une portion de sphère comprise entre deux plans parallèles tels que LKM, NRP, il faut pareillement multiplier la circonférence d'un grand cercle de la sphère par la hauteur IO de cette portion de sphère. Car on peut considérer ces surfaces, ainsi qu'on l'a fait pour la sphère entière, comme composées d'une infinité de cônes tronqués, dont chacun est égal au produit de sa hauteur par la circonférence d'un grand cercle de la sphère.

### DES RAPPORTS DES SURFACES DES SOLIDES.

**226.** Si deux solides dont on a dessein de comparer les surfaces, sont terminés par des plans dissemblables et irréguliers, le seul parti qu'il y ait à prendre pour trouver le rapport de leurs surfaces, est de calculer séparément la surface de chacun en mesures de même espèce, et de comparer le nombre des mesures de l'une, au nombre des mesures de l'autre; c'est-à-dire, par exemple, le nombre des mètres carrés de l'une, au nombre des mètres carrés de l'autre.

**227.** *Les surfaces des prismes (en n'y comprenant point les bases opposées) sont entre elles comme les produits de la longueur de ces prismes, par le contour de la section faite perpendiculairement à cette longueur.*

Car ces surfaces sont égales à ces produits (**215**).

**228.** Donc *si les longueurs sont égales, les surfaces des prismes seront entre elles comme le contour de la section faite perpendiculairement à la longueur de chacun.* Car le rapport des produits de la longueur par le contour de cette section ne changera point si l'on omet, dans chacun de ces produits, la longueur qui en est facteur commun.

**229.** Donc *les surfaces des prismes droits ou des cylindres droits de même hauteur, sont entre elles comme les contours des bases, quelque figure qu'aient d'ailleurs ces bases.*

*Et si,* au contraire, *les contours des bases sont les mêmes, et les hauteurs différentes, ces surfaces seront comme les hauteurs.*

**230.** *Les surfaces des cônes droits sont entre elles comme les produits des côtés de ces cônes par les circonférences des bases, ou par les diamètres de ces bases.*

Car ces surfaces étant égales chacune au produit de la circonférence de la base par la moitié du côté du cône (**219**), doivent être entre elles comme ces produits, et par conséquent comme le double de ces produits. D'ailleurs, comme les circonférences ont entre elles le même rapport que leurs rayons ou leurs diamètres, on peut (**99**) substituer dans ces produits le rapport des rayons, ou celui des diamètres, à celui des circonférences.

**231.** *Les surfaces des solides semblables sont entre elles comme les carrés de leurs lignes homologues.*

Car elles sont composées de plans semblables, dont les surfaces sont entre elles comme les carrés de leurs côtés ou de leurs lignes homologues, lesquelles lignes sont lignes homologues des solides, et proportionnelles à toutes les autres lignes homologues.

**232.** *Les surfaces de deux sphères sont entre elles comme les carrés de leurs rayons ou de leurs diamètres.* Car la surface d'une sphère étant quadruple de celle de son grand cercle, les surfaces de deux sphères doivent être entre elles comme le quadruple de leurs grands cercles, ou simplement comme leurs grands cercles; c'est-à-dire (**162**) comme les carrés des rayons ou des diamètres.

### DE LA SOLIDITÉ DES PRISMES.

**233.** Pour fixer les idées sur ce qu'on doit entendre par la *solidité* d'un corps, il faut se représenter, par la pensée, une portion d'étendue de telle forme qu'on voudra, de la forme d'un cube par exemple, mais qui ait infiniment peu de longueur, de largeur et de profondeur, et concevoir que la capacité d'un corps est entièrement remplie de pareils cubes, que nous nommerons *points solides*. La totalité de ces points forme ce que nous entendons par *solidité* d'un corps.

**234.** *Deux prismes ou deux cylindres, ou un prisme et un cylindre de même base ou de même hauteur, ou de bases égales et de hauteurs égales, sont égaux en solidité, quelque différentes que soient d'ailleurs les figures des bases.*

Car si l'on imagine ces corps, coupés par des plans parallèles à leurs bases, en tranches infiniment minces, et d'une épaisseur égale à celle des points solides dont on peut imaginer que ces corps sont remplis, il est visible que, dans chacun, chaque section étant égale à la base (**204**), le nombre de points solides dont chaque tranche sera composée, sera partout le même et égal au nombre des points superficiels de la base : et comme on suppose même hauteur aux deux solides, ils auront chacun le même nombre de tranches; ils contiendront donc en totalité le même nombre de points solides; donc ils sont égaux en solidité.

### DE LA MESURE DE LA SOLIDITÉ DES PRISMES ET DES CYLINDRES.

**235.** La considération des points solides dont nous venons de faire usage, est principalement utile lorsque pour démontrer l'égalité de deux solides, on est obligé de considérer ces solides dans leurs éléments mêmes, en les décomposant en tranches infiniment minces; nous aurons encore occasion de les considérer de cette manière. Mais lorsqu'on veut mesurer les capacités ou solidités des corps, pour les usages ordinaires, ce n'est point en cherchant à évaluer le nombre de leurs points solides qu'on y parvient; car on conçoit très-bien que dans tel corps que ce soit, il y a une infinité de ces sortes de points.

Que fait-on donc, à proprement parler, quand on mesure la solidité des corps? on cherche à déterminer combien de fois le corps dont il s'agit, contient un autre corps connu. Par exemple, quand on veut mesurer le parallélipipède rectangle ABCDEFGH (fig. 132) on a pour objet de connaître combien ce parallélipipède contient de cubes tels que le cube connu $x$;

c'est ordinairement en mesures cubiques qu'on évalue les solidités des corps.

Pour connaître la solidité du parallélipipède rectangle ABCDEFGH, il faut chercher combien sa base EFGH contient de parties carrées telles que *efgh*; chercher pareillement combien la hauteur AH contient de fois la hauteur *ah*; et multipliant le nombre des parties carrées de EFGH par le nombre des parties de AH, le produit exprimera combien le parallélipipède proposé contient de cubes tels que $x$; c'est-à-dire combien il contient de mètres cubes, ou de décimètres cubes, etc., si le côté *ah* du cube $x$ est de 1 mètre, ou de 1 décimètre.

En effet, on voit qu'on peut placer sur la surface EFGH autant de cubes tels que $x$, qu'il y a de carrés tels que *efgh* dans la base EFGH. Tous ces cubes formeront un parallélipipède dont la hauteur HL sera égale à *ah*; or il est évident qu'on pourra placer dans le solide ABCDEFGH autant de parallélipipèdes tels que celui-là, que la hauteur HL sera contenue de fois dans AH; donc il faut répéter ce parallélipipède ou le nombre des cubes répandus sur EFGH, autant de fois qu'il y a de parties dans AH; ou puisque le nombre de ces cubes est le même que le nombre des carrés contenus dans la base, il faut multiplier le nombre des carrés contenus dans la base par le nombre des parties de la hauteur, et le produit exprimera le nombre de cubes contenus dans le parallélipipède proposé.

**236.** Puisqu'on a démontré (**234**) que les prismes de bases égales et de hauteurs égales sont égaux en solidité, il suit de cette proposition, et de ce que nous venons de dire, que pour avoir le nombre des mesures cubes que renfermerait le prisme quelconque ACEGIKBDFH (fig. 118), il faut évaluer sa base KBDFH en mesures carrées, et sa hauteur LM en parties égales au côté du cube qu'on prend pour mesure, et multiplier le nombre des mesures carrées qu'on aura trouvées dans la base, par le nombre des mesures linéaires de la hauteur, ce qu'on exprime ordinairement en disant : *la solidité d'un prisme quelconque est égale au produit de la surface de la base, par la hauteur de ce prisme.*

Mais nous devons observer ici la même chose que nous avons fait remarquer (**145**) à l'occasion des surfaces : de même qu'on ne peut pas dire avec exactitude qu'on multiplie une ligne par une ligne, on ne peut pas dire non plus qu'on multiplie une surface par une ligne. C'est, ainsi qu'on vient de le voir, un solide (dont le nombre des cubes est le même que le nombre des carrés de la base) qu'on répète autant de fois que sa hauteur est comprise dans celle du solide total; c'est-à-dire autant de fois qu'il est dans le solide qu'on veut mesurer.

**237**. Concluons de ce qui précède, que *pour avoir la solidité d'un cylindre droit ou oblique, il faut pareillement multiplier la surface de sa base par la hauteur de ce cylindre*, puisqu'un cylindre est égal à un prisme de même base et de même hauteur que lui (**234**).

### DE LA SOLIDITÉ DES PYRAMIDES.

**238**. Rappelons-nous ce qui a été dit (**201**); et en l'appliquant aux pyramides, nous en conclurons que si l'on coupe deux pyramides IABCDF, IKLM (fig. 115) de même hauteur, par un même plan *ge* parallèle au plan de leur base *, les sections *abcdf*, *klm* seront entre elles dans le rapport des bases ABCDF, KLM, et seront par conséquent égales si ces bases sont égales. Si l'on conçoit de nouveau ces pyramides coupées par un plan parallèle au plan *ge* et infiniment près de celui-ci, on voit que les deux tranches solides comprises entre ces deux plans infiniment voisins doivent être aussi entre elles dans le rapport des bases; car le nombre des points solides nécessaires pour remplir ces deux tranches d'égale épaisseur, ne peut dépendre que de la grandeur des sections correspondantes. Cela posé, comme les deux pyramides sont de même hauteur, on ne peut pas concevoir plus de tranches dans l'une que dans l'autre; ainsi les tranches correspondantes étant toujours dans le rapport des bases, les totalités de ces tranches, et par conséquent les solidités des pyramides seront entre elles comme les bases. Donc *les solidités de deux pyramides de même hauteur, sont entre elles comme les bases de ces pyramides*, et par conséquent, *les pyramides de bases égales et de hauteurs égales, sont égales en solidité, quelque différentes que soient d'ailleurs les figures des bases.*

---

* Nous supposons, pour plus de simplicité, qu'on ait rendu le sommet commun et qu'on ait placé les bases sur un même plan GE.

### MESURE DE LA SOLIDITÉ DES PYRAMIDES.

**239.** Puisque mesurer un corps n'est autre chose que chercher combien de fois il contient un autre corps connu, ou, en général, chercher quel est son rapport avec un autre corps connu, il ne s'agit donc, pour pouvoir mesurer les pyramides, que de trouver leur rapport avec les prismes; c'est ce que nous allons établir dans la proposition suivante.

**240.** *Une pyramide quelconque est le tiers d'un prisme de même base et de même hauteur qu'elle.*

La démonstration de cette proposition se réduit à faire voir qu'une pyramide triangulaire est le tiers d'un prisme triangulaire de même base et de même hauteur qu'elle; car on peut toujours concevoir un prisme comme composé d'autant de prismes triangulaires, et une pyramide comme composée d'autant de pyramides triangulaires qu'on peut concevoir de triangles dans le polygone qui sert de base à l'un et à l'autre (fig. 118).

Or, voici comment on peut se convaincre de la vérité de la proposition, pour la pyramide triangulaire. Soit ABCDEF (fig. 133) un prisme triangulaire; concevez que sur les faces AE, CE de ce prisme on ait tiré les deux diagonales BD, BF, et que, suivant ces diagonales, on ait conduit un plan BDF; ce plan détachera du prisme une pyramide de même base et de même hauteur que ce prisme, puisqu'elle a son sommet en B dans la base supérieure, et qu'elle a pour base la base même inférieure DEF du prisme; on voit cette pyramide isolée dans la figure 134, et la figure 135 représente ce qui reste du prisme.

On peut se représenter ce reste comme renversé ou couché sur la face ADFC; et alors on voit que c'est une pyramide quadrangulaire qui a pour base le parallélogramme ADFC, et pour sommet le point B; donc si l'on conçoit que dans la base ADFC on ait tiré la diagonale CD, on pourra se représenter que la pyramide totale ADFCB est composée de deux pyramides triangulaires ADCB, CFDB qui auront pour bases les deux triangles égaux ACD, CDF, et pour sommet commun le point B, et qui par conséquent seront égales (238). Or, de ces deux pyramides, l'une, savoir la pyramide ADCB, peut être conçue comme ayant pour base le triangle ABC, c'est-à-dire la base supérieure du prisme, et pour sommet le point D qui a appartenu à la base inférieure; cette pyramide est donc égale à la pyramide DEFB (fig. 134), puisqu'elle a même base et même hauteur que celle-ci; donc les trois pyramides DEFB, ADCB, CFDB sont égales entre elles; et puisque réunies elles composent le prisme, il faut en conclure que chacune est le tiers du prisme; ainsi, la pyramide DEFB est le tiers du prisme ABCDEF de même base et de même hauteur qu'elle.

**241.** Puisqu'un cône peut être considéré comme une pyramide dont le contour de la base aurait une infinité de côtés, et le cylindre comme un prisme dont le contour de la base aurait aussi une infinité de côtés, il faut en conclure, qu'*un cône droit ou oblique est le tiers d'un cylindre de même base et de même hauteur*.

**242.** Donc, *pour avoir la solidité d'une pyramide ou d'un cône quelconque, il faut multiplier la surface de la base par le tiers de la hauteur*.

**243.** A l'égard du tronc de pyramide ou de cône, lorsque les deux bases opposées sont parallèles, ce qu'il y a à faire pour en trouver la solidité consiste à trouver la hauteur de la pyramide retranchée, et alors il est aisé de calculer la solidité de la pyramide entière et de la pyramide retranchée, et par conséquent celle du tronc. Par exemple, dans la figure 115, si je veux avoir la solidité du tronc KLM *klm*, je vois (**242**) qu'il faut multiplier la surface KLM par le tiers de la hauteur IP; multiplier pareillement la surface *klm* par le tiers de la hauteur I*p*, et retrancher ce dernier produit du premier; mais comme on ne connaît ni la hauteur de la pyramide totale ni celle de la pyramide retranchée, voici comment on déterminera l'une et l'autre. On a vu ci-dessus (**199**) que les lignes IL, IM, IP, etc., sont coupées proportionnellement par le plan *ge*, et qu'elles sont à leurs parties I*l*, I*m*, I*p* comme LM : *lm*; on aura donc

$$LM : lm :: IP : Ip.$$

Donc (*Arith.*, **184**) $LM - lm : LM :: IP - Ip : IP.$

C'est-à-dire $LM - lm : LM :: Pp : IP.$

Or, quand on connaît le tronc, on peut aisément mesurer les côtés L*m*, *lm* et la hauteur P*p*; on pourra donc, par cette proportion, calculer le quatrième terme IP (*Arith.*, **179**) ou la hauteur de la pyramide totale; et en retranchant celle du tronc, on aura la hauteur de la pyramide retranchée.

### DE LA SOLIDITÉ DE LA SPHÈRE, DE SES SECTEURS ET DE SES SEGMENTS.

**244.** *Pour avoir la solidité d'une sphère, il faut multiplier sa surface par le tiers du rayon.*

Car on peut considérer la surface de la sphère comme l'assemblage d'une infinité de plans infiniment petits, dont chacun sert de base à une petite pyramide qui a son sommet au centre de la sphère, et qui par conséquent a pour hauteur le rayon. Puis donc que chacune de ces petites pyramides est égale (**242**) au produit de sa base par le tiers de sa hauteur, c'est-à-dire par le tiers du rayon, elles seront toutes ensemble égales au produit de la somme de toutes leurs bases par le tiers du rayon, c'est-à-dire égales au produit de la surface de la sphère par le tiers du rayon.

**245.** Puisque la surface de la sphère est (**224**) quadruple de celle d'un de ses grands cercles, *on peut donc, pour avoir la solidité d'une sphère, multiplier le tiers du rayon par quatre fois la surface d'un des grands cercles, ou quatre fois le tiers du rayon par la surface d'un des grands cercles, ou enfin les $\frac{2}{3}$ du diamètre par la surface d'un des grands cercles.*

**246.** Pour avoir la solidité d'un cylindre, nous avons vu qu'il fallait multiplier la surface de la base par la hauteur; s'il s'agit donc du cylindre circonscrit à la sphère (fig. 130), on peut dire que sa solidité est égale au produit d'un des grands cercles de la sphère par le diamètre; or celle de la sphère (**245**) est égale au produit d'un des grands cercles par les $\frac{2}{3}$ du diamètre; donc *la solidité de la sphère n'est que les $\frac{2}{3}$ de celle du cylindre circonscrit.*

**247.** La calotte sphérique AGBHEA qui sert de base à un secteur sphérique CBGEHA (fig. 128) peut être aussi considérée comme l'assemblage d'une infinité de plans infiniment petits; et par conséquent le secteur sphérique lui-même peut être considéré comme l'assemblage d'une infinité de pyramides, qui ont toutes pour hauteur le rayon, et dont la totalité des bases forme la surface de ce secteur; donc *le secteur sphérique est égal au produit de la surface de la calotte par le $\frac{1}{3}$ du rayon.* Nous avons vu (**225**) comment on trouve la surface de la calotte.

**248.** A l'égard du segment, comme il vaut le secteur CBGEHA moins le cône CBGEH; ayant enseigné (**247**) la manière de trouver la solidité de ces deux corps, il ne nous reste rien à dire sur cet article.

### DE LA MESURE DES AUTRES SOLIDES.

**249.** Pour les autres solides terminés par des surfaces planes, a méthode qui se présente naturellement pour les mesurer, c'est de les imaginer composés de pyramides qui aient pour bases ces surfaces planes, et pour sommet commun l'un des angles du solide dont il s'agit; mais outre que cette méthode est rarement la plus commode, elle est d'ailleurs moins expéditive et moins propre pour la pratique que la suivante, que nous exposerons ici d'autant plus volontiers qu'elle peut être employée utilement à la mesure de la solidité de la carène des vaisseaux, comme nous le ferons voir quand nous aurons établi les propositions suivantes.

**250.** Nous appellerons *prisme tronqué* le solide ABCDEF (fig. 136), qui reste lorsqu'on a séparé une partie d'un prisme par un plan ABC incliné à la base.

**251.** *Un prisme triangulaire tronqué est composé de trois pyramides qui ont chacune pour base la base* DEF *du prisme, et dont la première a son sommet en* B, *la seconde en* A, *et la troisième en* C.

Avec une légère attention, on peut se représenter le prisme tronqué comme composé de deux pyramides, l'une triangulaire, qui aura son sommet au point B, et pour base le triangle DEF; la seconde, qui aura aussi son sommet au point B, mais qui aura pour base le quadrilatère ADFC.

Si l'on tire la diagonale AF, on peut se représenter la pyramide quadrangulaire BADFC comme composée de deux pyramides triangulaires BADF, BACF; or la pyramide BADF est égale en solidité à une pyramide EADF, qui, ayant la même base ADF, aurait son sommet au point E; car la ligne BE étant parallèle au plan ADF, ces deux pyramides auront même hauteur; mais la pyramide EADF peut être considérée comme ayant pour base EDF et son sommet au point A. Voilà donc, jusqu'ici, deux des trois pyramides dont nous avons dit que le prisme tronqué doit être composé; il ne reste donc plus qu'à faire voir que la pyramide BACF est équivalente à une pyramide qui aurait aussi pour base EDF, et qui aurait son sommet en C. Or, c'est ce qu'il est facile de voir en tirant la diagonale CD et faisant attention que la pyramide BACF doit être égale à la pyramide EDCF, parce que ces deux pyramides ont leurs sommets B et E dans la même ligne BE parallèle au plan ACFD de leurs bases, et que ces bases ACF et CFD sont égales, puisque ce sont des triangles qui ont même base CF et qui sont compris entre les parallèles AD et CF. Ainsi, la pyramide BACF est égale à la pyramide EDCF; mais celle-ci peut être considérée comme ayant pour base DEF et son sommet en C. Donc, en effet, le prisme tronqué est composé de trois pyramides qui ont pour base commune le triangle DEF, et dont la première a son sommet en B, la seconde en A, la troisième en C.

232. Donc, *pour avoir la solidité d'un prisme triangulaire tronqué, il faut abaisser, de chacun des angles de la base supérieure, une perpendiculaire sur la base inférieure, et multiplier la base inférieure par le tiers de la somme de ces trois perpendiculaires.*

233. On peut tirer de cette proposition plusieurs conséquences pour la mesure des prismes tronqués autres que les triangulaires, et même pour d'autres solides; si l'on conçoit, par exemple, que de tous les angles d'un solide terminé par des surfaces planes, on mène sur un même plan, pris comme on le voudra, des perpendiculaires, on fera naître autant de prismes tronqués qu'il y aura de faces dans le solide; comme chaque prisme tronqué devient facile à mesurer, d'après ce que nous venons de dire, tout solide terminé par des surfaces planes se mesurera donc aussi facilement par les mêmes principes. Nous n'entrerons pas dans ce détail; nous nous bornerons à en tirer une conséquence utile à notre objet.

234. Soit donc ABCDEFGH (fig. 137) un solide composé de deux prismes triangulaires tronqués ABCEFG, ADCEHG, dont

les arêtes AE, BF, CG, DH soient perpendiculaires à la base, et qui soient tels que les bases EFG, EHG forment le parallélogramme EFGH, et que les bases supérieures soient, pour plus de généralité, deux plans différemment inclinés à la base EFGH. Il suit de ce qui a été dit ci-dessus (**252**) que le solide ABCDEFGH est égal au triangle EFG multiplié par $\frac{BF + 2AE + 2GC + HD}{3}$; car le prisme tronqué ABCEFG est égal (**252**) au triangle EFG multiplié par $\frac{BF + AE + GC}{3}$; et, par la même raison, le prisme tronqué ADCEHG est égal au triangle EHG, ou (ce qui revient au même) au triangle EFG multiplié par $\frac{AE + GC + HD}{3}$; donc la totalité de ces deux prismes tronqués est égal au triangle EFG multiplié par $\frac{BF + 2AE + 2GC + HD}{3}$.

Soit maintenant un solide (fig. 138) compris entre deux plans ABLM, *ablm* parallèles, deux autres plans AB*ba*, ML*lm*, parallèles entre eux et perpendiculaires aux deux autres, un plan BL*lb* perpendiculaires à ceux-là, et enfin la surface courbe AHM*mha*; et concevons ce solide coupé par des plans C*d*, E*f*, G*h*, etc., parallèles à AB*ba*, également distants les uns des autres, et assez près pour qu'on puisse regarder AD, *ad*, DF, *df*, etc., comme des lignes droites : supposons enfin que les deux plans ABLM, *ablm* sont assez près l'un de l'autre pour qu'on puisse regarder, sans erreur sensible, les sections D*d*, F*f*, H*h*, etc., comme des lignes droites; il est visible que les solides partiels AD*dab*BC*c*, DF*fdc*CE*e*, etc., sont dans le cas du solide de la figure 137. Donc la totalité de ces solides sera égale au triangle *b*BC multiplié par

$$\frac{AB+2ab+2CD+cd}{3}+\frac{CD+2cd+2EF+ef}{3}$$
$$+\frac{EF+2ef+2GH+gh}{3}+\frac{GH+2gh+2IK+ik}{3}$$
$$+\frac{IK+2ik+2LM+lm}{3},$$

c'est-à-dire, en réunissant les quantités semblables, sera égale au triangle *b*BC multiplié par $\frac{1}{3}AB+\frac{2}{3}ab+CD+cd+EF+ef+GH+gh+IK+ik+\frac{2}{3}LM+\frac{1}{3}lm$; et comme le triangle *b*BC est égal à $\frac{Bb \times BC}{2}$, le solide entier sera égal à $\frac{Bb \times BC}{2}$ $\times(\frac{1}{3}AB + \frac{2}{3}ab + CD + cd + EF + ef + GH + gh + IK + ik + \frac{2}{3}LM + \frac{1}{3}lm)$.

Dans la vue de rendre cette expression plus simple, remarquons que si, au lieu de $\frac{1}{3}AB + \frac{2}{3}ab + \frac{2}{3}LM + \frac{1}{3}lm$ que l'on a entre les deux parenthèses, on avait la quantité $\frac{1}{2}AB + \frac{1}{2}ab + \frac{1}{2}LM + \frac{1}{2}lm$, le solide en question serait égal à la moitié de la somme des deux surfaces ABLM, *ablm*, multipliée par l'épaisseur *Bb*; car (154) la surface ABLM est égale à $BC \times (\frac{1}{2}AB + CD + EF + GH + IK + \frac{1}{2}LM)$ et la surface *ablm* est par la même raison égale à *bc* ou $BC \times (\frac{1}{2}ab + cd + ef + gh + ik + \frac{1}{2}lm)$; donc la moitié de la somme de ces deux surfaces multipliée par l'épaisseur *Bb* serait $\frac{Bb \times BC}{2} \times (\frac{1}{2}AB + \frac{1}{2}ab + CD + cd + EF + ef + GH + gh + IK + ik + \frac{1}{2}LM + \frac{1}{2}lm)$; donc le solide en question ne diffère de ce produit que de la quantité dont $\frac{Bb \times BC}{2}$ $\times(\frac{1}{3}AB + \frac{2}{3}ab + \frac{2}{3}LM + \frac{1}{3}lm)$ surpasse la quantité $\frac{Bb \times BC}{2}$ $\times(\frac{1}{2}AB + \frac{1}{2}ab + \frac{1}{2}LM + \frac{1}{2}lm)$; or, il est aisé de voir (*Arithm.*, 103) que cette différence est $\frac{Bb \times BC}{2} \times (\frac{1}{6}ab - \frac{1}{6}AB + \frac{1}{6}LM - \frac{1}{6}lm)$; donc le solide cherché est égal à $\frac{Bb \times BC}{2} \times (\frac{1}{2}AB + \frac{1}{2}ab + CD + cd + EF + ef + GH + gh + IK + ik + \frac{1}{2}LM + \frac{1}{2}lm) + \frac{Bb \times BC}{2} \times (\frac{1}{6}ab - \frac{1}{6}AB + \frac{1}{6}LM - \frac{1}{6}lm)$; or, il est aisé de remarquer que $\frac{1}{6}ab - \frac{1}{6}AB + \frac{1}{6}LM - \frac{1}{6}lm$ est une quantité fort petite en comparaison de celle qui est entre les deux premières parenthèses, puisque les deux plans ABLM, *ablm* étant supposés peu distants, la différence de AB à *ab*, et celle de LM à *lm*, ne peuvent être que de fort petites quantités; on peut donc réduire la valeur de ce solide à $\frac{Bb \times BC}{2} \times (\frac{1}{2}AB + \frac{1}{2}ab + CD + cd + EF + ef + GH + gh + IK + ik + \frac{1}{2}LM + \frac{1}{2}lm)$, c'est-à-dire à $Bb \times \left(\frac{ABLM + ablm}{2}\right)$.

On peut donc dire que pour avoir la solidité d'une tranche de solide comprise entre deux surfaces planes parallèles, de telle figure qu'on voudra, et peu distantes l'une de l'autre, il faut multiplier la moitié de la somme de ces deux surfaces par l'épaisseur de cette tranche.

**255.** Si l'épaisseur B*b* de la tranche était trop considérable pour qu'on pût regarder A*a*, D*d* comme des lignes droites, il faudrait concevoir le solide partagé en plusieurs tranches d'égale épaisseur, par des plans parallèles à l'une des surfaces ABLM, *ablm*, et mesurant ces surfaces ABLM, *ablm* et leurs parallèles, on aurait la solidité en ajoutant toutes les surfaces intermédiaires, et la moitié de la somme des deux extrêmes ABLM, *ablm*, et multipliant le tout par l'épaisseur d'une des tranches; c'est une suite immédiate de ce que nous venons de dire.

L'application de ceci à la mesure de la partie de la carène, que la charge du navire fait plonger dans la mer, est maintenant très-facile. On mesurera la surface des deux coupes horizontales faites à fleur d'eau, lorsque le navire est chargé, et lorsqu'il est vide. On ajoutera ces deux surfaces, et on multipliera la moitié de leur somme par la distance de ces deux surfaces, c'est-à-dire par l'épaisseur de la tranche qu'elles comprennent.

Si l'on voulait avoir la solidité de la carène entière, on ferait usage de ce qui vient d'être dit (255); mais il faudrait la considérer comme coupée en plusieurs tranches, non pas parallèles à la coupe faite à fleur d'eau, mais perpendiculaires à la longueur du navire.

Lorsqu'on mesure le volume de la partie de la carène que la charge fait plonger, on peut se contenter de mesurer la surface de la coupe prise à égale distance des deux coupes dont nous avons parlé ci-dessus, et la multiplier, comme ci-devant, par l'épaisseur de la tranche; car cette coupe moyenne différera toujours très-peu de la moitié de la somme des deux autres.

Parmi quelques-uns des objets que nous considérerons dans l'application de l'algèbre à la géométrie, on trouvera des méthodes plus rigoureuses; néanmoins celles que nous venons d'exposer seront toujours suffisantes, tant qu'on aura soin de mesurer les surfaces avec assez d'exactitude, et de multiplier les tranches lorsque l'épaisseur est considérable.

Nous verrons, dans la quatrième partie de ce cours, que la charge du navire est égale au poids d'un volume d'eau égal au volume de la partie de la carène qu'elle fait plonger; lors donc qu'on a évalué ce volume en mètres cubes, si l'on veut connaître la pesanteur de la charge, il n'y a qu'à multiplier le nombre des mètres cubes par 1000 kilog., qui est à peu près le poids d'un mètre cube d'eau de mer; mais, comme on évalue toujours cette charge en tonneaux, au lieu de multiplier par 1000, pour diviser ensuite par 1000, ce qui serait nécessaire pour réduire en tonneaux, il suffira de considérer les mètres cubes comme des tonneaux.

### DU MÉTRAGE DES SOLIDES.

**236.** Après ce que nous avons dit (**155**) sur le métrage des surfaces, il doit y avoir fort peu de chose à dire sur le métrage des solides.

Un mètre cube étant construit (fig. 139), sa base sera un mètre carré, qui peut se diviser en 100 décimètres carrés. Ceux-ci étant considérés comme les bases d'autant de décimètres cubes, on voit que la base du mètre cube sera couverte d'une couche de 100 décimètres cubes, sur laquelle on pourra empiler neuf couches pareilles, dans la hauteur du mètre cube; en sorte que ce mètre cube contiendra 10 couches, chacune de 100 décimètres cubes, en tout 1000 décimètres cubes.

Par la même raison, un décimètre cube équivaut à 1000 centimètres cubes; un centimètre cube à 1000 millimètres cubes.

C'est-à-dire que les solidités des cubes diminuent par 1000, quand les dimensions de ces cubes diminuent par 10.

**237.** Pour évaluer la solidité d'un parallélipipède dont les trois dimensions sont exprimées en mètres et parties décimales du mètre, on prendra pour unité commune la plus petite de ces parties décimales, d'où résulteront trois dimensions en nombres entiers, dont le produit donnera la solidité cherchée en ces nouvelles unités cubes. On pourra ensuite les transformer en d'autres unités, ce qui n'exigera que la décomposition du produit ci-dessus par tranches de trois chiffres.

Par exemple, si le parallélipipède a 2 mètres 3 décimètres de longueur, 7 décimètres 5 centimètres de largeur, et 1 mètre 6 centimètres de hauteur, on exprimera ces trois dimensions en centimètres, qui est leur plus petite partie décimale. On aura ainsi à multiplier 230 par 75 et par 106, d'où le produit 1828500 centimètres cubes, équivalant à 1 *mètre cube* 828 *décimètres cubes et* 500 *centimètres cubes*.

**258.** On arrive au même résultat si l'on exprime les trois dimensions du parallélipipède en mètres et parties décimales; car on aura à multiplier 2,3 par 0,75 et par 1,06, d'où le produit 1,8285, qui représente 1 mètre cube plus une fraction décimale de mètre cube, équivalente à 828 décimètres cubes et 500 centimètres cubes.

**259.** En général, il importe peu de choisir telle ou telle unité; l'essentiel est que cette unité soit la même dans les expressions des trois dimensions du parallélipipède. Quand on aura fait leur produit, qui donne la solidité de ce corps, on passera aisément aux autres unités cubes du système métrique : ce n'est plus qu'un déplacement de virgules, ou une décomposition de nombre par tranches de trois chiffres.

**260.** Puisque, pour avoir la solidité d'un parallélipipède, il faut faire le produit de ses trois dimensions; connaissant la solidité et l'une des dimensions (la hauteur), on retrouvera le produit des deux autres dimensions (la base) en divisant la solidité par la dimension connue.

Soit $1^{mc},8285$ la solidité du parallélipipède et $1^{m},06$ sa hauteur; on divisera 1,8285 par 1,06, d'où 1,725 mètre carré pour la base.

Soit $1^{mc},8285$ la solidité du corps et $1^{mc},725$ la base; en divisant 1,8285 par 1,725, on aura le quotient $1^{m},06$ pour la hauteur cherchée.

Ici, il faudrait encore avoir soin de ramener le dividende et le diviseur à la même unité, linéaire, carrée ou cubique, si cela n'avait pas lieu dans les exemples proposés.

## DU MÉTRAGE DES BOIS.

**261.** Appliqué à la mesure des bois, le mètre cube prend le nom de *stère*.

Le dixième du stère est le *décistère*; 10 stères forment un *décastère*. L'usage se borne à cette division et à cette composition du stère considéré comme unité principale.

Si le bois de chauffage était coupé d'un mètre de longueur, il suffirait de l'entasser dans un châssis d'un mètre de largeur sur un mètre de hauteur, pour obtenir un stère. Mais si le bois a par exemple $1^{m},3$ de longueur, il faudra changer les dimensions du châssis, ou au moins l'une des dimensions. On est convenu de laisser un mètre pour la largeur du châssis, et de modifier sa hauteur, de telle manière que le produit de la longueur des bûches, par la largeur du châssis et par sa hauteur, fasse encore 1 mètre cube. Pour avoir cette hauteur, il suffira de diviser le volume 1 mètre cube par le produit des deux dimensions connues 1 mètre et 1,3 mètre ; d'où, à très-peu près, 0m,77 pour la hauteur cherchée.

Quand le bois est d'un seul morceau, il est en *grume,* c'est-à-dire sous forme de tronc arrondi ; ou bien il est *équarri,* c'est-à-dire taillé à quatre faces planes, non compris les faces des deux bouts.

Dans l'un et l'autre cas, il peut arriver :

1° Qu'il soit d'égale grosseur sur toute sa longueur, et alors on aura à trouver la solidité d'un cylindre ou d'un parallélipipède, ce qui n'offre aucune difficulté ;

2° Ou bien le bois ira en diminuant de la base vers le sommet de l'arbre, affectant ainsi la forme d'un cône tronqué, ou d'une pyramide tronquée, qu'il sera possible de calculer d'un seul coup ;

3° Ou enfin, le bois présentera, sur toute sa longueur, des changements brusques qui mettront dans la nécessité de le décomposer, par la pensée, en parties susceptibles d'une détermination géométrique ; en sorte que sa solidité se calculera par portions plus ou moins grandes.

Il s'agit souvent de calculer les dimensions qu'aura le bois équarri, d'après celles de l'arbre en grume. La question revient à trouver le plus grand parallélipipède, ou le plus grand tronc de pyramide quadrangulaire inscrit sous l'écorce du bois.

Tous ces problèmes n'offrent aucune difficulté pour celui qui connaît la mesure des solides et l'application du système métrique au cubage. Il ne lui reste plus qu'à s'enquérir des usages du commerce et des nécessités de la main-d'œuvre dans l'exploitation des bois.

### DES RAPPORTS DES SOLIDES EN GÉNÉRAL.

**262.** *Comparer deux solides,* c'est chercher combien de fois le nombre de mesures d'une certaine espèce contenues dans l'un de ces solides, contient le nombre de mesures de même espèce contenues dans l'autre.

**263.** *Deux prismes, ou deux cylindres, ou un prisme et un cylindre, sont entre eux comme les produits de leur base par leur hauteur.* Cela est évident, puisque chacun de ces solides est égal au produit de sa base par sa hauteur, quelle que soit d'ailleurs la figure de la base.

Donc *les prismes, ou les cylindres, ou les prismes et les cylindres de même hauteur, sont entre eux comme leurs bases; et les prismes et les cylindres de même base sont entre eux comme leurs hauteurs.* Car le rapport des produits des bases par les hauteurs ne change point lorsqu'on y omet le facteur commun qui s'y trouve, lorsque la base ou la hauteur se trouve être la même dans les deux solides.

Donc *deux pyramides quelconques, ou deux cônes, ou une pyramide et un cône, sont dans le rapport des hauteurs lorsque les bases sont égales;* car ces solides sont chacun le tiers d'un prisme de même base et de même hauteur (**240**).

**264.** *Les solidités des pyramides semblables sont entre elles comme les cubes des hauteurs de ces pyramides, ou en général, comme les cubes de deux lignes homologues de ces pyramides.*

Car deux pyramides semblables peuvent être représentées par deux pyramides telles que IABCDF, I*abcdf* (fig. 115), puisque ces deux pyramides sont composées d'un même nombre de faces semblables chacune à chacune, et semblablement disposées. Puis donc que deux pyramides sont, en général, comme les produits de leurs bases par leurs hauteurs, les bases qui sont ici des figures semblables, étant entre elles comme les carrés des hauteurs IP, I*p* (**202**), les deux pyramides seront entre elles comme les produits des carrés des hauteurs par les hauteurs mêmes; car on pourra (**99**) substituer au rapport des bases, celui des carrés des hauteurs. Et puisque (**215**) les hauteurs sont proportionnelles à toutes les autres dimensions homologues, leurs cubes seront donc aussi proportionnels aux cubes de ces dimensions homologues (*Arithm.* **191**); donc en général deux pyramides semblables sont entre elles comme les cubes de leurs dimensions homologues.

**265.** Donc *en général les solidités de deux corps semblables sont entre elles comme les cubes des lignes homologues de ces* *solides.* Car les solides semblables peuvent être partagés en un même nombre de pyramides semblables chacune à chacune; et comme deux quelconques de ces pyramides semblables seront entre elles en même rapport, puisqu'elles sont entre elles comme les cubes de leurs dimensions homologues, lesquelles sont en même rapport que deux autres dimensions homologues quelconques, il s'ensuit que la somme des pyramides du premier solide sera à la somme des pyramides du second aussi dans le même rapport des cubes des dimensions homologues.

Donc *les solidités des sphères sont entre elles comme les cubes de leurs rayons ou de leurs diamètres.*

Donc en se rappelant tout ce qui a précédé, on voit 1° que les contours des figures semblables sont dans le rapport simple des lignes homologues; 2° que les surfaces des figures semblables sont entre elles comme les carrés des côtés ou des lignes homologues; 3° que les solidités des corps semblables sont entre elles comme les cubes des lignes homologues.

Ainsi, si deux corps semblables, deux sphères par exemple, avaient leurs diamètres dans le rapport de 1 à 3, les circonférences de leurs grands cercles seraient aussi dans le rapport de 1 à 3; les surfaces de ces sphères seraient comme 1 à 9, et les solidités comme 1 à 27; c'est-à-dire que la circonférence d'un des grands cercles de la première vaudrait trois fois celle d'un des grands cercles de la seconde; la surface de la première vaudrait neuf fois celle de la seconde, et enfin la première sphère vaudrait 27 sphères telles que la seconde.

Donc pour faire un solide semblable à un autre et dont la solidité soit à celle de celui-ci dans un rapport donné, par exemple dans celui de 2 à 3, il faut lui donner des dimensions telles, que le cube de l'une quelconque de ces dimensions soit au cube d'une dimension homologue du solide auquel il doit être semblable, comme 2 est à 3. Par exemple, si l'on a une sphère qui ait 8 centimètres de diamètre, et qu'on demande quel doit être le diamètre d'une sphère qui en serait les $\frac{2}{3}$, il faudra chercher le quatrième terme de cette proportion $1 : \frac{2}{3}$ ou $3 : 2 ::$ le cube de 8, c'est-à-dire :: 512 est à un quatrième terme. Ce quatrième terme qui est $341\frac{1}{3}$, sera le cube du diamètre cherché : c'est pourquoi, tirant la racine cubique (*Arithm.*, 159), on aura 6$^c$,99 pour ce diamètre; c'est-à-dire, 7$^c$ à très-peu près; ce qu'on peut vérifier aisément en cette manière. Cherchons quelles sont les solidités de deux sphères, l'une de 8 centimètres, l'autre de 7 centimètres de diamètre. La circonférence de leur grand cercle se trouvera par ces deux proportions (**152**)

$$7 : 22 :: 8 :$$
$$7 : 22 :: 7 :$$

les quatrièmes termes sont $25\frac{1}{7}$ et 22; multipliant ces circonférences, chacune par son diamètre, on aura (**222**) les surfaces de ces sphères, lesquelles seront par conséquent $201\frac{1}{7}$ et 154; enfin multipliant ces surfaces par le $\frac{1}{3}$ de leur rayon, c'est-à-dire respectivement par le sixième de 8 ou de 7, on aura, pour les solidités $268\frac{4}{21}$ et $179\frac{2}{3}$, dont le rapport est le même que celui de $\frac{5632}{21} : \frac{539}{3}$, en réduisant en fractions, ou (en multipliant les deux termes de la dernière fraction par 7, et supprimant le dénominateur commun), le même que de 5632 à 3773; or (*Arithm.*, **167**) le rapport de ces deux quantités est $1\frac{1859}{3773}$, c'est-à-dire en réduisant en décimales 1,49; et le rapport de 3 à 2 est 1,5 ou 1,50 (*Arithm.*, **30**); la différence n'est donc que de $\frac{1}{100}$; cette différence vient de ce que le diamètre n'est calculé qu'à peu près; d'ailleurs le rapport de 7 à 22 n'est pas exactement celui du diamètre à la circonférence.

Dans les corps composés de la même matière, les poids sont proportionnels à la quantité de matière, ou à la solidité; ainsi connaissant le poids d'un boulet d'un diamètre connu, pour trouver celui d'un boulet d'un autre diamètre et de la même matière, il faut faire cette proportion : le cube du diamètre du boulet dont le poids est connu, est au cube du diamètre du second, comme le poids du premier est à un quatrième terme qui sera le poids du second.

Nous avons vu (**162**) que dans deux vaisseaux parfaitement semblables, les voilures seraient comme les carrés des hauteurs des mâts, et par conséquent, avons-nous dit, comme les carrés des longueurs des navires, parce que toutes les dimensions homologues des solides semblables sont en même rapport. Or on voit ici que les poids des solides semblables et de même matière, sont comme les cubes des dimensions homologues; on voit donc que si deux navires semblables étaient mâtés proportionnellement, les quantités de vent qu'ils pourraient recevoir seraient comme les carrés de leur longueur, tandis que les poids seraient comme les cubes; et comme la raison des carrés n'est pas la même, et est plus petite que celle des cubes, ainsi qu'il est facile de s'en convaincre, cette seule considération fait voir que la voilure qui serait propre pour un certain navire, ne le serait pas pour un navire plus petit, si l'on diminuait proportionnellement les deux dimensions de cette voilure. Il y a encore d'autres considérations à faire entrer dans l'examen de cette question, qui appartient proprement à la mécanique. Nous ne nous proposons ici que de préparer les esprits à prévoir les usages qu'on peut faire des principes établis jusqu'ici pour la discussion de ces sortes de questions.

---

# DE LA TRIGONOMÉTRIE.

**266.** Le mot *Trigonométrie* signifie mesure des triangles. Mais on comprend généralement sous ce nom, l'art de déterminer les positions et les dimensions des différentes parties de l'étendue, par la connaissance de quelques-unes de ces parties.

Si l'on conçoit que les différents points qu'on se représente dans un espace quelconque, soient joints les uns aux autres par des lignes droites, il se présente trois choses à considérer : 1° la longueur de ces lignes; 2° les angles qu'elles forment entre elles; 3° les angles que forment entre eux les plans dans lesquels ces lignes sont ou peuvent être imaginées comprises. C'est de la comparaison de ces trois objets que dépend la solution de toutes les questions qu'on peut proposer sur la mesure de l'étendue et de ses parties; et l'art de déterminer toutes ces choses, par la connaissance de quelques-unes d'entre elles, se réduit à la résolution de ces deux questions générales.

1° Connaissant trois des six choses (angles et côtés) qui entrent dans un triangle rectiligne, trouver les trois autres, lorsque cela est possible.

2° Connaissant trois des six choses qui composent un triangle sphérique, (c'est-à-dire un triangle formé sur la surface d'une sphère, par trois arcs de cercle qui ont tous trois pour centre le centre de cette même sphère) trouver les trois autres, lorsque cela est possible.

La première question est l'objet de la trigonométrie qu'on nomme *trigonométrie plane*, parce que les six choses qu'on y considère sont dans un même plan : on la nomme aussi *trigonométrie rectiligne*.

La seconde question appartient à la *trigonométrie sphérique*. Les six choses qu'on y considère, sont dans des plans différents, comme nous le verrons par la suite.

## DE LA TRIGONOMÉTRIE PLANE OU RECTILIGNE.

**267.** La *trigonométrie plane* est une partie de la Géométrie qui enseigne à déterminer ou à calculer trois des six parties d'un triangle rectiligne, par la connaissance des trois autres parties, lorsque cela est possible.

Je dis, lorsque cela est possible, parce que si l'on ne connaissait que les trois angles par exemple, on ne pourrait pas déterminer les côtés. En effet, si par un point D pris à volonté sur le côté AB du triangle ABC (fig. 140) dont je suppose qu'on connaisse les trois angles, on mène DE parallèle à BC, on aura un autre triangle ADE qui aura les mêmes angles que le triangle ABC (59); et on voit qu'on en peut former ainsi une infinité d'autres qui auront les mêmes angles. Il faudrait donc que le calcul donnât tout à la fois une infinité de côtés différents. La question est donc alors absolument indéterminée.

Nous verrons cependant que, si l'on ne peut déterminer les valeurs des côtés, on peut du moins déterminer leur rapport.

Mais lorsque parmi les trois choses connues ou données, il entrera un côté, on peut toujours déterminer tout le reste. Il y a cependant un cas où il reste quelque chose d'indéterminé : le voici. Supposé que dans le triangle ABC (fig. 141) on connaisse les deux côtés AB et BC, et l'angle A opposé à l'un de ces côtés, on ne peut déterminer la valeur de l'angle C ou celle du côté AC, qu'autant qu'on saura si cet angle C est aigu ou obtus; en effet, si l'on conçoit que du point B comme centre et d'un rayon égal au côté BC, on ait décrit un arc CD, et que du point D où cet arc rencontre AC, on ait tiré BD; on aura un nouveau triangle ABD, dans lequel on connaîtra les mêmes choses qu'on connaît dans le triangle ABC, savoir, l'angle A, le côté AB, et le côté BD égal à BC; on a donc ici les mêmes choses pour déterminer l'angle BDA, qu'on avait dans le triangle ABC pour déterminer l'angle C.

Mais il y a cette différence entre ce cas-ci et le précédent, qu'on peut ici assigner la valeur de l'angle C et de l'angle BDA, comme nous le verrons ci-après : la seule chose qui soit indéterminée, c'est de savoir laquelle de ces deux valeurs on doit adopter, et par conséquent quelle figure doit avoir le triangle. Il faut donc, outre les trois choses données, savoir encore si l'angle cherché doit être aigu ou obtus. Au reste on peut remarquer, en passant, que les deux angles C et BDA dont il s'agit sont suppléments l'un de l'autre; car BDA est supplément de BDC qui est égal à l'angle C, parce que le triangle BDC est isoscèle.

**268.** Ce ne sont pas les angles mêmes qu'on emploie dans le calcul des triangles : on substitue aux angles des lignes qui, sans leur être proportionnelles, sont néanmoins propres à représenter ces angles, et sont d'ailleurs plus commodes à employer dans le calcul, parce que, comme nous le verrons ci-après, elles sont proportionnelles aux côtés des triangles : il convient donc, avant que d'aller plus loin, de faire connaître ces lignes, et de faire voir comment elles peuvent tenir lieu des angles.

### DES SINUS, COSINUS, TANGENTES, COTANGENTES, SÉCANTES ET COSÉCANTES.

**269.** La perpendiculaire AP (fig. 142) abaissée de l'extrémité d'un arc AB sur le rayon BC qui passe par l'autre extrémité B de cet arc, s'appelle le *sinus droit*, ou simplement le *sinus* de l'arc AB ou de l'angle ACB.

La partie BP du rayon comprise entre le sinus et l'extrémité de l'arc s'appelle le *sinus-verse*.

La partie BD de la perpendiculaire à l'extrémité du rayon, interceptée entre ce rayon BC et le rayon CA prolongé, s'appelle la *tangente* de l'arc AB ou de l'angle ACB.

La ligne CD, qui n'est autre chose que le rayon CA prolongé jusqu'à la tangente, s'appelle *sécante* de l'arc AB ou de l'angle ACB.

Si l'on mène le rayon CF perpendiculaire à CB, et à son extrémité F la perpendiculaire FE qui rencontre en E le rayon CA prolongé, et qu'enfin on mène AQ perpendiculaire sur CF; il suit des définitions précédentes que AQ sera le sinus, FQ le sinus-verse, FE la tangente, et CE la sécante de l'arc AF ou de l'angle ACF.

Mais comme l'angle ACF est complément de ACB, puisque ces deux angles font ensemble un angle droit, on peut dire que AQ est le sinus du complément, FQ le sinus-verse du complément, FE la tangente du complément, et CE la sécante du complément de l'arc AB ou de l'angle ACB.

Pour abréger ces dénominations, on est convenu de dire *cosinus* au lieu de sinus du complément, *cosinus-verse* au lieu de sinus-verse du complément, *cotangente* au lieu de tangente du complément, et *cosécante* au lieu de sécante du complément. En sorte que les lignes AQ, FQ, FE, CE, seront dites le cosinus, le cosinus-verse, la cotangente et la cosécante de l'arc AB ou de l'angle ACB; de même les lignes AP, BP, BD, CD, pourront être dites le cosinus, le cosinus-verse, la cotangente et la cosécante de l'arc AF ou de l'angle ACF; car AB est complément de AF comme AF l'est de AB.

Pour désigner ces lignes, lorsqu'il sera question d'un angle ou d'un arc, nous mettrons devant les lettres qui servent à nommer cet angle ou cet arc, les expressions abrégées *sin*, *cos*, *tang*, *cot*; ainsi *sin* AB signifiera le sinus de l'arc AB, *sin* ACB signifiera le sinus de l'angle ACB; de même *cos* AB, *cos* ACB, signifieront le cosinus de l'arc AB, le cosinus de l'angle ACB; et pour désigner le rayon, nous prendrons la lettre R.

**270.** Il est évident 1° que *le cosinus* AQ *d'un arc quelconque* AB *est égal à la partie* CP *du rayon comprise entre le centre et le sinus.*

2° Que *le sinus-verse* BP *est égal à la différence entre le rayon et le cosinus.*

3° Que *le sinus d'un arc quelconque* AB *est la moitié de la corde* AG *d'un arc double* ABG. Car le rayon CB étant perpendiculaire sur la corde AG, divise cette corde et son arc en deux parties égales (52).

**271.** De cette dernière proposition il suit que *le sinus de* 30° *vaut la moitié du rayon*; car il doit être la moitié de la corde de 60° ou du côté de l'hexagone, que nous avons vu (93) être égal au rayon.

**272.** *La tangente de* 45° *est égale au rayon*. Car si l'angle ACB est de 45°, comme l'angle CBD est droit, l'angle CDB vaudra aussi 45°; le triangle CBD sera donc isoscèle, et par conséquent BD sera égal à CB.

**273.** A mesure que l'arc AB ou l'angle ACB augmente, son sinus AP augmente, et son cosinus AQ ou CP diminue, jusqu'à ce que l'arc AB soit devenu de 90°; alors le sinus AP devient FC, c'est-à-dire égal au rayon, et le cosinus est zéro, parce que le point A tombant en F, la perpendiculaire AQ devient zéro.

A l'égard de la tangente BD et de la cotangente FE, il est visible que la tangente BD augmente continuellement, et que la cotangente au contraire diminue; mais l'une et l'autre, de manière que quand l'arc AB est devenu de 90°, sa tangente est infinie, et sa cotangente est zéro. En effet, plus l'arc AB devient grand, plus le point D s'élève au-dessus de BC; et quand le point A est infiniment près de F, les deux lignes CD et BD sont presque parallèles, et ne se rencontrent plus qu'à une distance infinie; donc BD est alors infinie, donc elle l'est quand le point A tombe sur le point F.

**274.** Ainsi *pour l'arc de 90° le sinus est égal au rayon, le cosinus est zéro, la tangente est infinie, et la cotangente est zéro.*

Comme le sinus de 90° est le plus grand de tous les sinus, on l'appelle, pour le distinguer des autres, *sinus total;* en sorte que ces trois expressions, le *sinus de* 90°, le *rayon*, le *sinus total*, signifient la même chose.

**275.** Lorsque l'arc AB passe 90° (fig. 143), son sinus AP diminue, et son cosinus AQ ou CP, qui tombe alors au delà du centre par rapport au point B, augmente jusqu'à ce que l'arc AB soit devenu de 180°, auquel cas le sinus est zéro, et le cosinus est égal au rayon. On voit aussi que le sinus AP et le cosinus CP de l'arc AB, ou de l'angle ACB plus grand que 90°, appartiennent en même temps à l'arc AH ou à l'angle ACH moindre que 90° et supplément de celui-là; de sorte que *pour avoir le sinus et le cosinus d'un angle obtus, il faut prendre le sinus et le cosinus de son supplément.* Mais il faut bien remarquer que le cosinus tombe du côté opposé à celui où il tomberait si l'arc AB ou l'angle ACB était moindre que 90°.

A l'égard de la tangente, comme elle est déterminée (**269**) par la rencontre de la perpendiculaire BD (fig. 142) avec le rayon CA prolongé, il est visible que lorsque l'arc AB (fig. 143) est de plus de 90°, elle est alors BD; mais en élevant la perpendiculaire HI, il est aisé de voir que le triangle CBD est égal au triangle CHI, et que par conséquent BD est égal à HI.

**276.** Donc *la tangente d'un arc ou d'un angle plus grand que 90°, est la même que celle du supplément de cet arc;* toute la différence qu'il y a, c'est qu'elle tombe au-dessous du rayon BC. Pour la cotangente EF, elle est aussi la même que la cotangente du supplément, et elle tombe aussi du côté opposé à celui où elle tomberait si l'arc AB ou l'angle ACB était moindre que 90°. On voit encore, et par la même raison que ci-dessus, que pour 180° la tangente est zéro et la cotangente infinie.

**277.** Ces notions supposées, concevons que le quart de circonférence BF (fig. 142) soit divisé en arcs de 1', c'est-à-dire en 5400 parties égales, et que de chaque point de division on abaisse des perpendiculaires ou sinus, tels que AP, sur le rayon BC; concevons aussi ce rayon BC divisé en un très-grand nombre de parties égales, en 100000 par exemple; chaque perpendiculaire contiendra un certain nombre de ces parties du rayon; si donc, par quelque moyen que ce soit, on pouvait parvenir à déterminer le nombre des parties de chacune de ces perpendiculaires, il est visible que ces lignes pourraient être employées pour fixer la grandeur des angles; en sorte que, si ayant écrit par ordre dans une colonne toutes les minutes depuis zéro jusqu'à 90°, on écrivait dans une colonne à côté et vis-à-vis de chaque minute, le nombre de parties de la perpendiculaire correspondante, on pourrait, par le moyen de cette table, assigner quel est le nombre de degrés d'un angle dont le nombre de parties de la perpendiculaire ou du sinus serait connu; et réciproquement, connaissant le nombre de degrés et parties de degré de l'angle, on pourrait assigner le nombre des parties de son sinus. Cette table aurait cette utilité non-seulement pour tous les arcs ou angles dont le rayon aurait le même nombre de parties qu'on en aurait supposé à celui d'après lequel on a construit la table, mais encore pour tout autre dont le rayon serait connu; par exemple, supposons un angle DCG (fig. 144) dont le côté ou rayon CD soit de 8 mètres, et la perpendiculaire DE, de 3 mètres, et imaginons que CA soit le rayon sur lequel on a calculé les tables; si l'on imagine l'arc AB et la perpendiculaire AP, cette perpendiculaire sera le sinus des tables; or je puis trouver aisément de combien de parties est cette perpendiculaire; car, comme les triangles CDE, CAP sont semblables (à cause des parallèles DE et AP), j'aurai (**109**) CD : DE :: CA : AP, c'est-à-dire 8$^{m}$ : 3$^{m}$ :: 100000 : AP; je trouverai donc (*Arithm.*, **179**) que AP vaut 37500; je n'aurai donc qu'à chercher ce nombre dans la table parmi les sinus, et je trouverai à côté le nombre des degrés et minutes de l'angle DCG ou DCE.

Réciproquement si l'on donnait le nombre des degrés et minutes de l'angle DCG et son rayon CD, on déterminerait de même la valeur de la perpendiculaire DE ; car sachant quel est le nombre de degrés et minutes de cet angle, on trouverait dans la table quel est le nombre de parties de la perpendiculaire ou du sinus AP qui répond à ce nombre de degrés ; et alors, en vertu des triangles semblables CAP, CDE, on aurait cette proportion CA : AP :: CD : DE, par laquelle il serait facile de calculer DE, puisque les trois premiers termes CA, AP et CD sont connus, savoir CA et AP par les tables, et CD est donné en mètres.

On voit par là quelles sont ces lignes que nous avons dit ci-dessus (**268**) pouvoir être substituées aux angles dans le calcul des triangles : ce sont les sinus.

**278.** Mais les sinus ne sont pas les seules lignes qu'on emploie; on fait usage aussi des tangentes et même des sécantes. Ces lignes sont faciles à calculer quand une fois on a calculé tous les sinus ; car, comme le triangle CPA et le triangle CBD (fig. 142) sont semblables, on en peut tirer ces deux proportions :

$$CP : PA :: CB : BD$$

et

$$CP : CA :: CB : CD,$$

c'est-à-dire (en faisant attention que CP est égale à AQ),

$$\cos AB : \sin AB :: R : \operatorname{tang} AB$$

et

$$\cos AB : R :: R : \sec AB.$$

Or on voit que dans chacune de ces deux proportions, les trois premiers termes sont connus lorsqu'on connaît tous les sinus, puisque le cosinus d'un arc n'est autre chose que le sinus du complément de cet arc : il sera donc aisé d'en conclure (*Arithm.*, **179**) la valeur du quatrième terme de chacune, et par conséquent des tangentes et des sécantes, et par conséquent aussi des cotangentes et des cosécantes, qui ne sont autre chose que des tangentes et des sécantes de complément.

**279.** Au reste, les deux dernières proportions que nous venons d'établir ne sont pas seulement utiles pour le calcul des tangentes et des sécantes; elles sont encore d'un grand usage dans beaucoup de rencontres, comme nous le verrons dans la suite de ce cours: il faut donc s'appliquer à les retenir; la seconde, par exemple, peut nous fournir encore une propriété, qui est le fondement de la construction des cartes réduites, comme nous le verrons par la suite; voici cette propriété. De même que nous venons de démontrer que cos AB : R :: R : sec AB, on démontrera aussi pour un autre arc quelconque BO, que cos BO : R :: R : sec BO ; or ces deux proportions ayant les mêmes termes moyens, doivent avoir les produits de leurs extrêmes, égaux (*Arithm.*, **178**); donc on peut (*Arithm.*, **180**) former des extrêmes de l'une et de l'autre, une nouvelle proportion, qui aura pour extrêmes les extrêmes de l'une, et pour moyens les extrêmes de l'autre, en sorte qu'on aura cos AB : cos BO :: sec BO : sec AB; d'où l'on conclura que les cosinus de deux arcs sont en raison réciproque ou inverse de leurs sécantes.

**280**. Voici encore une autre proportion utile dans plusieurs cas, et d'où l'on déduira de la même manière que les tangentes de deux arcs sont en raison inverse de leurs cotangentes : les triangles CBD, CFE sont semblables, parce que, outre l'angle droit en B et en F, on a de plus l'angle DCB égal à l'angle CEF, à cause des parallèles CB, EF; on aura donc BD : CB :: CF : FE, c'est-à-dire tang AB : R :: R : cot AB ; on prouverait donc de même que tang BO : R :: R : cot BO, et par conséquent tang AB : tang BO :: cot BO : cot AB.

Les livres qui renferment les valeurs de toutes les lignes dont il vient d'être question, sont ce qu'on appelle des *tables de sinus;* elles renferment ordinairement, non-seulement les valeurs numériques de toutes ces lignes, mais encore leurs logarithmes qu'on emploie aussi souvent qu'on le peut, à la place des valeurs numériques; ces mêmes tables renferment aussi les logarithmes des nombres naturels; telles sont celles que nous avons indiquées dans l'*Arithmétique*, page 123.

Avant que d'exposer les usages de ces tables pour la résolution des triangles, il ne nous reste plus qu'à parler de leur formation, c'est-à-dire de la méthode par laquelle on a calculé ou pu calculer les sinus, etc. Nous nous y arrêterons d'autant plus volontiers, que les propositions que nous avons à établir sur ce sujet nous serviront ailleurs.

**281**. *Pour avoir le cosinus d'un arc dont le sinus est connu, il faut retrancher le carré du sinus du carré du rayon, et tirer la* *racine carrée du reste.* Car le cosinus AQ (fig. 142) est égal à PC qui est côté de l'angle droit dans le triangle rectangle APC, dont on connaît alors l'hypoténuse AC et le côté AP (**166**).

Ainsi, si l'on demandait le cosinus de $30^{\circ}$, comme nous avons vu (**271**) que le sinus de $30^{\circ}$ est la moitié du rayon que nous supposerons ici de 100000 parties, ce sinus serait 50000; retranchant son carré 2500000000 du carré 10000000000 du rayon, on a 7500000000, dont la racine carrée 86603 est le cosinus de $30^{\circ}$, ou le sinus de $60^{\circ}$.

**282.** *Connaissant le sinus d'un arc* AB (fig. 145), *pour avoir celui de sa moitié,* il faut d'abord calculer le cosinus de ce premier arc; ce cosinus étant calculé, on le retranchera du rayon, ce qui donnera le sinus verse BP : on carrera la valeur de BP, et on ajoutera ce carré avec celui du sinus AP; la somme (**166**) sera le carré de la corde AB; tirant la racine carrée de cette somme, on aura AB, dont la moitié est le sinus BI de l'arc BD moitié de ADB (**270**).

**283.** *Connaissant le sinus* BI *d'un arc* BD (fig. 145), *pour trouver le sinus* AP *du double* ADB *de cet arc,* on calculera le cosinus CI de BD, et on fera cette proportion

$$R : \cos BD :: 2 \sin BD : \sin ADB,$$

dans laquelle les trois premiers termes seront alors connus, et dont il sera facile de calculer le quatrième.

Cette proportion est fondée sur ce que les deux triangles CBI et BAP sont semblables; parce qu'outre l'angle droit en P et en I, ils ont d'ailleurs l'angle B commun; ainsi on a

$$CB : CI :: AB : AP.$$

Or CI (**270**) est le cosinus de BD, et AB le double de BI sinus de BD; AP est le sinus de ADB, et CB est le rayon; donc

$$R : \cos BD :: 2 \sin DB : \sin ADB.$$

**284.** *Connaissant les sinus de deux arcs* AB, AC (fig. 146), *pour trouver le sinus de leur somme ou de leur différence,* il faut, après avoir calculé (**281**) les cosinus de ces mêmes arcs, multiplier le sinus du premier par le cosinus du second, et le sinus du second par le cosinus du premier. La somme de ces deux produits, divisée par le rayon, sera le sinus de la somme des deux arcs; et la différence de ces mêmes produits, divisée par le rayon, sera le sinus de la différence de ces mêmes arcs.

Faites l'arc AD égal à l'arc AC, tirez la corde CD, le rayon LA qui divisera cette corde en deux parties égales au point I; des points C, A, I et D, abaissez les perpendiculaires CK, AG, IH, DF, sur BL; enfin des points I et D, menez IM et DN parallèles à BL. Puisque CD est divisée en deux parties égales en I, CN sera aussi divisée en deux parties égales en M (102).

Cela posé, CK qui est le sinus de BC, somme des deux arcs, est composé de KM et de MC, ou de IH et de MC. DF qui est le sinus de BD, différence des deux arcs, est égal à KN qui vaut KM moins MN, c'est-à-dire IH moins CM; ainsi pour trouver le sinus de la somme, il faut ajouter la valeur de MC à celle de IH; et au contraire l'en retrancher pour avoir le sinus de la différence.

Or les triangles semblables LAG, LIH donnent LA : LI :: AG : IH, c'est-à-dire R : cos AC :: sin AB : IH; donc (*Arithm.*, 179) IH vaut $\frac{\sin AB \times \cos AC}{R}$.

Les triangles LAG et CIM semblables, parce qu'en vertu de la construction qu'on a faite ils ont les côtés perpendiculaires l'un à l'autre, donnent (112) LA : LG :: CI : MC, ou R : cos AB :: sin AC : MC; donc MC vaut $\frac{\sin AC \times \cos AB}{R}$; donc il faut ajouter $\frac{\sin AC \times \cos AB}{R}$ avec $\frac{\sin AB \times \cos AC}{R}$ pour avoir le sinus de la somme, et l'en retrancher au contraire pour avoir le sinus de la différence.

285. *Pour avoir le cosinus de la somme ou de la différence de deux arcs dont on connaît les sinus*, il faut, après avoir calculé (284) les cosinus de chacun de ces deux arcs, multiplier ces deux cosinus l'un par l'autre, multiplier pareillement les deux sinus; alors retranchant le second produit du premier, et divisant le reste par le rayon, on aura le cosinus de la somme des deux arcs. Au contraire, pour avoir celui de la différence, on ajoutera les deux produits, et on en divisera la somme par le rayon. Car, puisque DC est coupée en deux parties égales en I, FK sera coupée en deux parties égales en H; or LK qui est le cosinus de la somme, vaut LH moins HK, ou LH moins IM; et LF qui est le cosinus de la différence, vaut LH plus HF, ou LH plus HK, ou enfin LH plus IM : voyons donc quelles sont les valeurs de LH et de IM.

Les triangles semblables LGA, LHI donnent LA : LI :: LG : LH,

c'est-à-dire R : cos AC :: cos AB : LH;

donc LH vaut $\frac{\cos AC \times \cos AB}{R}$.

Les triangles semblables LAG, CIM donnent

LA : AG :: CI : IM,

c'est-à-dire R : sin AB :: sin AC : IM;

donc IM vaut $\frac{\sin AB \times \sin AC}{R}$.

Il faut donc, pour avoir le cosinus de la somme, retrancher $\frac{\sin AB \times \sin AC}{R}$ de $\frac{\cos AB \times \cos AC}{R}$; et au contraire l'ajouter pour avoir le cosinus de la différence.

**286**. *La somme des sinus de deux arcs* AB, AC (fig. 147) *est à la différence de ces mêmes sinus, comme la tangente de la moitié de la somme de ces deux arcs est à la tangente de la moitié de leur différence*; c'est-à-dire que

$$\sin AB + \sin AC : \sin AB - \sin AC :: \text{tang}\,\frac{AB + AC}{2} : \text{tang}\,\frac{AB - AC}{2}.$$

Après avoir tiré le diamètre AM, portez l'arc AB de A en D; tirez la corde BD, qui sera perpendiculaire sur AM. Par le point C, tirez CP perpendiculaire et CF parallèle à AM. Du point F menez les cordes FB et FD, et d'un rayon FG, égal à celui du cercle BAD, décrivez l'arc IGK rencontrant CF en G, et en ce point G élevez HL perpendiculaire à CF; les lignes GH et GL sont les tangentes des angles GFH et GFL, ou CFB et CFD, qui ayant leurs sommets à la circonférence, ont pour mesure la moitié des arcs CB, CD, sur lesquels ils s'appuient (63), c'est-à-dire la moitié de la différence BC, et la moitié de la somme CD des deux arcs AB, AC; ainsi GL et GH sont les tangentes de la moitié de la somme et de la moitié de la différence de ces mêmes arcs.

Cela posé, il est visible que DS étant égal à BS, la ligne DE vaut BS + SE ou BS + CP, c'est-à-dire la somme des sinus des arcs AB, AC; pareillement BE vaut BS — SE ou BS — CP, c'est-à-dire la différence des sinus de ces mêmes arcs. Or, à cause des parallèles BD, HL, on a (115) DE : BE :: GL : GH; donc

$$\sin AB + \sin AC : \sin AB - \sin AC :: \tang \frac{AB+AC}{2} : \tang \frac{AB-AC}{2}.$$

**287.** Donc *la somme des cosinus de deux arcs est à la différence de ces cosinus, comme la cotangente de la moitié de la somme de ces deux arcs est à la tangente de la moitié de leur différence.*

Car les cosinus n'étant autre chose que des sinus de complément, il suit de la proposition précédente que la somme des cosinus est à leur différence comme la tangente de la moitié de la somme des compléments est à la tangente de la moitié de la différence des mêmes compléments; or la moitié de la somme des compléments de deux arcs est le complément de la moitié de la somme de ces deux arcs, et la demi-différence des compléments est la même que la demi-différence des arcs; donc, etc.

**288.** Les trois principes posés (**271**, **282** et **284**) suffisent pour concevoir comment on pourrait s'y prendre pour former une table des sinus. En effet, on connaît le sinus de 30° par ce qui a été dit (**271**); et par ce qui a été dit (**282**) on peut trouver celui de 15°, et successivement ceux de 7°30′, 3°45′, 1°52′30″, 0°56′15″, 0°28′7″,5, 0°14′3″,75, 0°7′1″,875.

Cela posé, on remarquera que, quand les arcs sont fort petits, ils ne diffèrent pas sensiblement de leurs sinus, et sont par conséquent à très-peu près proportionnels à ces sinus; ainsi pour trouver le sinus de 1′ on fera cette proportion : *L'arc de* 0°7′1″,875 *est à l'arc de* 0°1′, *comme le sinus de ce premier arc est au sinus de* 1′.

Si dans ce calcul on suppose le rayon de 100000 parties seulement, il faudra calculer les sinus des arcs que nous venons de rapporter, avec trois décimales, pour être en droit d'en conclure les suivants à moins d'une unité près; alors on remontera facilement aux autres en cette manière.

Depuis 1′ jusqu'à 3°0′, il suffira de multiplier le sinus de 1 successivement par 2, 3, 4, 5, etc. pour avoir le sinus de 2′, 3′, etc. jusqu'à 3°, à moins d'une unité près.

Pour calculer les sinus des arcs au-dessus de 3°0′, on fera usage de ce qui a été dit (**284**); mais on abrégera considérablement le travail en ne calculant ces sinus, par ce principe, que de degrés en degrés seulement. Quant aux minutes intermédiaires, on y satisfera en prenant la différence des sinus de deux degrés consécutifs; et formant cette proportion : 60 *minutes sont au nombre de minutes dont il s'agit, comme la différence des sinus des deux degrés voisins est à un quatrième terme*, qui sera ce qu'on doit ajouter au plus petit des deux sinus pour avoir le sinus du nombre de degrés et minutes dont il s'agit. Par exemple, si après avoir trouvé que les sinus de 8° et de 9° sont 13917 et 15643, je voulais avoir le sinus de 8°17'; je prendrais la différence 1726 de ces sinus, et je calculerais le quatrième terme d'une proportion dont les trois premiers sont 60' : 17' :: 1726 :

Ce quatrième terme, qui est 489 à très-peu près, étant ajouté à 13917, donne 14406 pour le sinus de 8°17', tel qu'il est dans les tables, à moins d'une unité près.

La raison de cette proportion est fondée sur ce que lorsque l'arc de KL (fig. 129) est petit, comme de 1° par exemple, les différences LM, I*u* des sinus LF, IH, sont à peu près proportionnelles aux différences KL, KI, des arcs correspondants AL, AI, parce que les triangles KML, K*u*I pouvant être considérés comme rectilignes sont semblables.

**289.** Cette méthode ne doit cependant être employée que jusqu'à 87°, parce que passé ce terme, on ne peut se permettre de prendre *iu* (fig. 148) pour la différence des sinus PB, Q*x*; car la quantité *ux*, toute petite qu'elle est, a un rapport sensible avec *iu*, et d'autant plus sensible que l'arc AB approche plus de 90°. Dans ce cas, il faut se rappeler que (**170**) les lignes DE, D*t* qui sont les différences entre le rayon et les sinus PB, Q*x*, sont proportionnelles aux carrés des cordes DB et D*x*, ou (à cause que les arcs DB et D*x* sont fort petits) aux carrés des arcs DB et D*x*; c'est pourquoi ayant calculé le sinus de 87°, on prendra sa différence avec le rayon 100000; et pour trouver le sinus de tout autre arc entre 87° et 90°, on fera cette proportion : Le carré de 3° ou de 180' est au carré du nombre des minutes du complément de l'arc en question, comme la différence du rayon au sinus de 87° est à un quatrième terme qui sera D*t*, et qui étant retranché du rayon donnera C*t* ou Q*x*, sinus de l'arc en question. Par exemple, ayant trouvé que le sinus de 87° est 99863, si je veux avoir le sinus 88°24', dont le complément est 1°36' ou 96', je ferai cette proportion, $\overline{180'}^2 : \overline{96'}^2 :: 137 : Dt$, par laquelle je trouve que D*t* vaut 39 à très-peu de chose près; retranchant 39 du rayon 100000, j'ai 99961 pour le sinus de $88^\circ 24'$, tel qu'il est en effet dans les tables.

**290.** Ayant calculé ainsi les sinus, on aura facilement les tangentes et les sécantes par ce qui a été dit (**178**).

**291.** Les sinus étant calculés, on calcule leurs logarithmes comme on calcule ceux des nombres. Il faut pourtant observer que si l'on prenait dans les tables la valeur numérique d'un des sinus, pour calculer son logarithme selon ce qui a été dit (*Arithm.*, **239**), on ne trouverait pas ce logarithme absolument le même qu'il est dans la colonne des logarithmes des sinus; la raison en est que les sinus des tables ont été calculés originairement dans la supposition que le rayon était de 10000000000 parties; mais comme les calculs ordinaires n'exigent pas une telle précision, on a supprimé dans les tables actuelles les cinq derniers chiffres des valeurs numériques des sinus, tangentes, etc.; en sorte que ces valeurs, telles qu'elles sont actuellement dans les tables, ne sont approchées qu'à environ une unité près sur 100000. Il n'en a pas été de même des logarithmes des sinus, tangentes, etc.; on les a conservés tels qu'ils ont été calculés pour le rayon supposé de 10000000000 parties; et c'est pour cette raison qu'on leur trouve une caractéristique beaucoup plus forte que ne semble le supposer la valeur numérique du sinus correspondant ou de la tangente correspondante; en sorte que, lorsqu'on fait usage des logarithmes des sinus, tangentes, etc., on calcule dans la supposition tacite que le rayon soit de 10000000000 parties; et lorsqu'on fait usage des valeurs numériques des sinus, tangentes etc., on calcule dans la supposition que le rayon soit de 100000 parties seulement.

A l'égard des logarithmes des tangentes et sécantes, on les a par une simple addition et une soustraction, lorsqu'une fois on a ceux des sinus; cela est évident, d'après ce qui a été dit (**278**) et (*Arithm.*, **232**).

* **292.** Quoique les tables ordinaires ne donnent les sinus que pour les degrés et minutes, néanmoins on peut en déduire les valeurs de ces mêmes lignes pour les degrés, minutes et secondes, et cela en suivant exactement ce que nous venons de prescrire pour les degrés et minutes seulement. Mais comme on emploie plus souvent les logarithmes de ces lignes, au lieu de ces lignes elles-mêmes, nous nous arrêterons un moment sur ce dernier objet.

Supposant qu'on ait les logarithmes des sinus et des tangentes, de minute en minute; quand on voudra avoir le logarithme du sinus d'un certain nombre de degrés, minutes et secondes, on prendra dans les tables celui du sinus du nombre des degrés et minutes; on prendra aussi la différence des deux logarithmes voisins qui est à côté, et on fera cette proportion : 60″ sont au nombre de secondes en question, comme la différence des logarithmes prise dans les tables est à un quatrième terme, qu'on ajoutera au logarithme du sinus des degrés et minutes.

Si, au contraire, on avait un logarithme de sinus qui ne répondît pas à un nombre exact de degrés et minutes; pour avoir les secondes, on ferait cette proportion : La différence des deux logarithmes entre lesquels tombe le logarithme donné est à la différence entre ce même logarithme et celui qui est immédiatement plus petit dans la table, comme 60″ sont à un quatrième terme, qui serait le nombre de secondes à ajouter au nombre de degrés et minutes de l'arc qui dans la table est immédiatement au-dessous de celui que l'on cherche.

On pourra suivre cette règle tant que l'arc ne sera pas au-dessous de 3°; lorsqu'il sera au-dessous, on se conduira comme dans cet exemple; supposons qu'on demande le sinus de 1° 55′ 48″; on ferait cette proportion : 1° 55′ : 1° 55′ 48″ :: le sinus de 1° 55′ est à un quatrième terme qui, à cause que les petits arcs sont proportionnels à leurs sinus, sera sans erreur sensible le sinus de 1° 55′ 48″. Mais pour calculer plus commodément, on réduira les deux premiers termes en secondes; et alors prenant dans les tables le logarithme du sinus 1° 55′ qui est le troisième terme, on lui ajoutera le logarithme de 1° 55′ 48″ réduits en secondes; enfin du total on retranchera le logarithme de 1° 55′ réduits en secondes, le reste (*Arithm.*, 232) sera le logarithme du quatrième terme, c'est-à-dire le logarithme cherché.

Réciproquement, pour trouver le nombre de degrés, minutes et secondes d'un arc au-dessous de 3°, et dont on a le sinus, on chercherait d'abord dans les tables quel est le nombre de degrés et minutes; puis on ferait cette proportion : Le sinus du nombre de degrés et minutes trouvés est au sinus proposé, comme ce même nombre de degrés et minutes réduits en secondes est au nombre total de secondes de l'arc cherché; ainsi, par logarithmes, l'opération se réduira à prendre la différence entre le logarithme du sinus proposé et celui du sinus du nombre de degrés et minutes immédiatement au-dessous, et à ajouter ce logarithme au logarithme de ce nombre de degrés et minutes réduits en secondes; la somme sera le logarithme du nombre de secondes que vaut l'arc cherché. Par exemple, si l'on me donne 8,6233427 pour logarithme du sinus d'un arc, je trouve dans les tables que le nombre de degrés et minutes le plus approchant est 2° 24′, et que la différence entre le logarithme du sinus proposé et celui du sinus de ce dernier arc est 0013811; j'ajoute cette différence avec 39365137, logarithme de 2° 24′ réduits en secondes; la somme de 3,9378948 répond dans les tables de logarithmes à 8667; c'est le nombre de secondes de l'arc cherché qui, par conséquent, est de 2° 24′ 27″. Cette règle est l'inverse de la précédente.

A l'égard des logarithmes des tangentes, on suivra les mêmes règles en changeant le mot de *sinus* en celui de *tangente*. Il faut seulement en excepter les arcs qui sont entre 87° et 90° pour lesquels on suivra celle-ci. Calculez le logarithme de la tangente du complément par la règle qu'on vient de prescrire pour les tangentes, et retranchez ce logarithme du double du logarithme du rayon. En effet, selon ce qui a été dit (280), la tangente est le quatrième terme d'une proportion dont les trois premiers sont la cotangente, le rayon et le rayon.

Et si au contraire on avait le logarithme de la tangente d'un arc qui, devant être entre 87° et 90°, devrait avoir des secondes, on retrancherait ce logarithme du double du logarithme du rayon, et on aurait le logarithme de la tangente du complément qui, étant nécessairement entre 0° et 3°, se déterminerait facilement d'après ce qui précède ; prenant le complément de l'arc ainsi trouvé, on aurait l'arc cherché.

**295.** Puisque le sinus d'un arc est la moitié de la corde d'un arc double, si l'on descendait par le principe donné (**282**) jusqu'au sinus de l'arc le plus approchant de 1″, et qu'en doublant ce sinus, on répétât ce double autant de fois que l'arc dont il est la corde est contenu dans la demi-circonférence, il est visible qu'on aurait un nombre fort approchant de la longueur de la demi-circonférence, mais plus petit ; et si par la proportion donnée (**278**) on calculait la tangente du même arc, et que l'ayant doublée, on répétât ce double autant de fois que le double de cet arc est contenu dans la demi-circonférence, on trouverait un nombre fort approchant de la demi-circonférence, mais plus grand ; on peut donc, par le calcul des sinus, approcher du rapport du diamètre à la circonférence : nous ne nous arrêterons pas à ce calcul, parce que nous donnerons ailleurs une méthode plus expéditive. Quoi qu'il en soit, on trouverait par cette méthode que le rayon étant supposé de 10000000000, la demi-circonférence serait entre 31415926536 et 31415926535. Concluons donc de là que le rayon étant 1, les 180° de la demi-circonférence valent 3,1415926535, le degré vaut 0,01745329252, la minute vaut 0,000290888208, et ainsi de suite. Nous rapportons ici ces nombres, parce qu'ils peuvent souvent être utiles. Par exemple, veut-on savoir quel espace occuperait une minute de degré sur l'octant avec lequel on observe les hauteurs à la mer, cet octant étant supposé de 54 centimètres de rayon. Par la construction de cet instrument, les 90° sont représentés par un arc de 45 ; ainsi, l'intervalle entre deux divisions consécutives est celui qu'occuperait un degré dans un cercle dont le rayon serait moitié moindre, ou de 27 centimètres ; donc la minute, sur un pareil instrument, ne répond qu'à l'espace qu'elle occuperait sur une circonférence de 27 centimètres, ou 270 millimètres. Multiplions donc 270 par 0,00029 valeur de la minute ; en se bornant aux 5 premiers chiffres, nous aurons 0,07830 ou 0,0783, c'est-à-dire $\frac{783}{10000}$ de millimètre, ou $\frac{1}{13}$ de millimètre à peu près. On voit par là qu'on ne peut guère répondre d'une minute en observant avec cet instrument. Nous aurons occasion d'en parler ailleurs.

### DE LA RÉSOLUTION DES TRIANGLES RECTANGLES.

**294.** Nous avons dit ci-dessus (**267**), que pour être en état de calculer ou de résoudre un triangle, il fallait connaître trois des six parties qui le composent, et que parmi les trois choses connues il fallait qu'il y eût au moins un côté. Comme l'angle droit est un angle connu, il suffit donc, dans les triangles rectangles, de connaître deux choses différentes de l'angle droit; mais il faut qu'une au moins de ces deux choses soit un côté. Il faut encore remarquer que comme les deux angles aigus d'un triangle rectangle valent ensemble un angle droit, dès que l'un des deux est connu l'autre l'est aussi.

La résolution des triangles rectangles se réduit à quatre cas; où les deux choses connues sont un des deux angles aigus, et un côté de l'angle droit; ou elles sont un angle aigu et l'hypoténuse; ou un côté de l'angle droit et l'hypoténuse; ou enfin les deux côtés de l'angle droit.

Ces quatre cas trouveront toujours leur résolution dans l'une des deux proportions ou analogies suivantes :

**295.** 1° *Le rayon des tables est au sinus d'un des angles aigus, comme l'hypoténuse est au côté opposé à cet angle aigu.*

**296.** 2° *Le rayon des tables est à la tangente d'un des angles aigus, comme le côté de l'angle droit adjacent à cet angle est au côté opposé à ce même angle.*

Pour démontrer la première de ces deux analogies, il n'y a qu'à se représenter (fig. 144) que dans le triangle rectangle CED, la partie CA de l'hypoténuse soit le rayon des tables; alors en imaginant l'arc AB, la perpendiculaire AP sera le sinus de l'angle ACB ou DCE; or à cause des parallèles AP et DE, on aura, dans les triangles semblables CAP, CDE, CA : AP :: CD : DE, c'est-à-dire R : sin DCE :: CD : DE, ce qui est précisément la première analogie.

On prouvera de même que R : sin CDE :: CD : CE.

Pour la seconde, il faut se représenter, dans le triangle rectangle CEF (fig. 149), que la partie CA du côté CE soit le rayon des tables; et ayant imaginé l'arc AB, la perpendiculaire AD élevée sur AC au point A sera la tangente de l'angle C ou FCE; alors à cause des triangles semblables CAD, CEF, on aura CA : AD :: CE : EF, c'est-à-dire R : tang FCE :: CE : EF, ce qui fait la seconde des deux analogies énoncées ci-dessus.

On prouvera de la même manière que R : tang CFE :: EF : CE.

**297.** Dans les applications qui vont suivre, nous emploierons toujours les logarithmes des sinus, tangentes, etc., au lieu des sinus, tangentes, etc.; et pour familiariser les commençants avec l'usage des compléments arithmétiques (*Arithm.*, **247**), nous en ferons usage dans tous les calculs, à l'exception des cas où le logarithme à retrancher serait celui du rayon, dont la caractéristique étant 10, la soustraction est très-facile.

EXEMPLE I. Supposons qu'il s'agit de déterminer la hauteur AC d'un édifice (fig. **150**) par des mesures prises sur le terrain.

On s'éloignera de cet édifice, à une distance CD, telle que l'angle compris entre les deux lignes qu'on imaginera menées du point D au pied et au sommet de l'édifice, ne soit ni trop aigu ni fort approchant de 90°; et ayant mesuré cette distance CD, on fixera au point D le pied d'un graphomètre. On disposera cet instrument de manière que son plan soit vertical et dirigé vers l'axe AC de la tour, et que son diamètre fixe HF soit horizontal, ce qui se fera à l'aide d'un petit poids suspendu par un fil attaché au centre. Ce fil doit alors raser le bord de l'instrument et répondre à 90°. On fera mouvoir le diamètre mobile jusqu'à ce qu'on puisse apercevoir à travers les pinnules, ou la lunette dont il est garni, le sommet A de l'édifice. Alors on observera sur l'instrument le nombre des degrés de l'angle FEG, qui est aussi celui de son opposé au sommet AEB.

Cela posé, la hauteur AC de l'édifice étant perpendiculaire à l'horizon, est perpendiculaire à BE; c'est pourquoi on a un triangle rectangle ABE, dans lequel, outre l'angle droit, on connaît BE égal à CD qu'on a mesuré, et l'angle AEB; on cherche la valeur de AB. On voit donc que les trois choses connues, et celle que l'on cherche sont les termes de l'analogie du n° **296**; donc pour trouver AB, on fera cette proportion, R : tang AEB :: BE : AB.

Supposons, par exemple, que la distance CD ou BE ait été trouvée de 40 mètres, et l'angle AEB de 48° 54'.

On aura R : tang 48° 54' :: 40$^{m}$ : AB; de sorte que prenant dans les tables la valeur de la tangente de 48° 54', la multipliant par 40, et divisant ensuite par la valeur du rayon prise dans les tables, on aura le nombre de mètres de AB, auquel ajoutant la hauteur ED de l'instrument, on aura la hauteur cherchée AC.

Mais on peut abréger considérablement le calcul en employant, au lieu de ces nombres, leurs logarithmes, parce qu'alors il ne s'agit plus (*Arithm.*, **232**) que d'ajouter les logarithmes du second et du troisième terme, et de retrancher le logarithme du premier; c'est pourquoi on fera le calcul comme il suit :

| | |
|---|---|
| log tang 48° 54′ | 10,0593064 |
| log 40 | 1,6020600 |
| Somme | 11,6613664 |
| log du rayon | 10,0000000 |
| Reste ou log de AB | 1,6613664 |

qui répond dans les tables à 45,85 à moins d'un centième près. Ainsi AB est de 45 mètres et 85 centimètres.

Remarquons en passant que le logarithme du rayon ayant 10 pour caractéristique et des zéros pour ses autres chiffres, on peut, lorsqu'il s'agit de l'ajouter ou de le retrancher, se dispenser de l'écrire, et se contenter d'ajouter ou d'ôter une unité aux dizaines de la caractéristique du logarithme auquel il doit être ajouté, ou dont il doit être retranché.

Exemple II. On a couru, en partant d'un point connu A (fig. 151), 32 lieues sur la ligne AB parallèle à la ligne GF qui marque le nord-nord-est : on demande de combien on a avancé vers l'est, et de combien vers le nord.

On imaginera par les deux points A et B les deux lignes AC et BC parallèles, la première à la ligne nord et sud NS, et la seconde à la ligne est et ouest EO; comme ces deux lignes font un angle droit, le triangle ACB sera rectangle en C; on connaît dans ce triangle le côté AB qui est de 32 lieues, et l'angle CAB qui, à cause des parallèles, est égal à l'angle NDF, lequel, à cause que DF marque le nord-nord-est, est de 22° 30′ ou le quart de 90°.

On fera donc, pour trouver BC, cette analogie (**285**), R : sin 22° 30′ :: 32l : BC.

Et pour trouver AC, on remarquera que l'angle B est complément de l'angle A; c'est pourquoi on fera cette analogie (**295**) R : sin 67° 30′ :: 32l : AC.

On fera ces deux opérations, par logarithmes, comme il suit :

| | |
|---|---|
| log sin 22° 30′ | 9,5828397 |
| log 32 | 1,5051500 |
| Somme | 11,0879897 |
| log du rayon | 10,....... |
| Reste ou log de BC | 1,0879897 |

qui répond à 12,25 à moins d'un centième près.

| | |
|---|---|
| log sin 67° 30′ | 9,9656153 |
| log 32 | 1,5051500 |
| Somme | 11,4707653 |
| log du rayon | 10,....... |
| Reste ou log de AC | 1,4707653 |

qui répond à 29,56 à moins d'un centième près.

Ainsi on s'est avancé de 12 lieues et 25 centièmes ou $\frac{1}{4}$ vers l'est, et de 29 lieues et 56 centièmes vers le nord.

Le nombre de lieues qu'on a courues selon l'une et l'autre de ces deux directions sert à déterminer le lieu B de la terre où se trouve un vaisseau lorsqu'il a parcouru AB ; mais le nombre de lieues courues vers l'est, a besoin d'une correction dont ce n'est pas encore ici le lieu de parler. Il ne s'agit, quant à présent, que des premiers usages de la trigonométrie.

Exemple III. On a couru 42 lieues selon la ligne AB dont la position est inconnue, et on sait qu'on a avancé de 35 lieues au nord : on demande la direction de la route AB, c'est-à-dire quel air de vent on a suivi?

On connaît donc ici le côté AC de l'angle droit et l'hypoténuse, et il s'agit de trouver l'angle CAB. Comme les deux angles A et B font ensemble un angle droit, nous connaîtrons l'angle A si nous pouvons déterminer l'angle B. Or, pour trouver celui-ci, nous n'avons qu'à faire cette analogie (**295**) R : sin B :: AB : AC; c'est-à-dire R : sin B :: 42 : 35, ou bien, en écrivant le second rapport à la place du premier, 42 : 35 :: R : sin B.

Faisant l'opération par logarithmes on a

| | |
|---|---|
| log 35 | 1,5440680 |
| log du rayon | 10,....... |
| *Complément arithmétique* du log de 42 | 8,3767507 |
| Somme ou log du sinus de B | 19,9208187, |

qui dans les tables répond à 56° 27′; donc l'angle A, ou l'air de vent, est de 33° 33′.

Exemple IV. On a couru selon la ligne AB, dont la position et la grandeur sont inconnues; mais on sait qu'on a avancé de 15 lieues à l'est et de 35 lieues au nord : on demande la direction et la longueur de la route.

On connaît donc ici les deux côtés AC et BC de l'angle droit, et l'on demande les angles et l'hypoténuse. Pour trouver l'angle A on fera cette analogie (**296**) AC : BC :: R : tang A, c'est-à-dire 35 : 15 :: R : tang A.

Et faisant l'opération par logarithmes

| | |
|---|---|
| log 15 .............................. | 1,1760913 |
| log du rayon .............................. | 10,....... |
| *Complément arithmétique* du log de 35. . | 8,4559320 |
| Somme ou log tang A.................. | 19,6320233, |

qui dans la table répond à 23° 12′.

Pour avoir AB on peut, quand on a déterminé l'angle A, se conduire comme dans l'exemple III. Mais il n'est pas nécessaire de calculer l'angle A; la proposition démontrée (**164** et **166**) suffit. Ainsi prenant le carré de 15, qui est 225, et l'ajoutant au carré de 35, qui est 1225, on aura 1450 pour le carré de AB; et tirant la racine carrée, on aura 38,08 pour la valeur de AB à moins d'un centième près.

Par la même raison, si l'hypoténuse AB et l'un AC des côtés de l'angle droit étant donnés, on demandait l'autre côté BC, il ne serait pas nécessaire de calculer l'angle A; on retrancherait (**166**) le carré du côté connu AC du carré de l'hypoténuse AB; la racine carrée du reste serait la valeur du côté BC.

C'est encore par la résolution des triangles rectangles qu'on peut déterminer de combien il s'en faut que le rayon AD (fig. 152) par lequel on vise à l'horizon de la mer, lorsqu'on est élevé d'une certaine quantité AB au-dessus d'un point B de sa surface, ne soit parallèle à la surface de la mer.

Comme le rayon visuel AD est alors une tangente, si l'on imagine le rayon CD, l'angle D sera droit (**48**); or on connaît le rayon CD de la terre, qui est 6367400 mètres. Et si au rayon CB on ajoute la hauteur AB, à laquelle on est au-dessus de B, on aura le côté AC; on connaîtra donc deux choses outre l'angle droit; on pourra donc calculer l'angle CAD, dont la différence DAO avec un angle droit sera l'abaissement du rayon AD au-dessous du rayon AO parallèle à la surface de la mer en B.

Si dans le même triangle ADC on calcule le côté AD, on aura la plus grande distance à laquelle la vue puisse s'étendre lorsque l'œil est à la hauteur AB. Mais comme les tables ordinaires ne peuvent pas donner l'angle CAD et le côté AD avec une précision suffisante lorsque AB est une très-petite quantité à l'égard du rayon de la terre, voici comment on peut y suppléer.

On concevra AC prolongé jusqu'à la circonférence en E; alors AE étant une sécante et AD une tangente, selon ce qui a été dit (**129**) on aura AE : AD :: AD : AB; ainsi, pour avoir AD, on prendra (*Arithm.*, **178**) une moyenne proportionnelle entre AE et AB.

Par exemple, si l'œil A était élevé de 7 mètres au-dessus de la mer, AB serait de 7 mètres, et AE serait de deux fois 6367400 mètres plus 7, c'est-à-dire de 12734807 mètres; le carré de AD serait donc de 12734807 × 7 ou de 44571849; donc (*Arithm.*, **178** et **179**) AD serait de 9441 mètres, c'est-à-dire qu'un œil élevé de 7 mètres au-dessus de la surface de la mer, peut découvrir jusqu'à 9441 mètres, ou une lieue marine et $\frac{2}{3}$ à la ronde.

Maintenant, pour savoir de combien le rayon visuel AD est abaissé à l'égard de l'horizontale AO, on remarquera que, vu la petitesse de AB, la ligne AD ne peut différer sensiblement de l'arc BD; ainsi l'arc BD est 9441 mètres. Or, puisque le rayon est de 6367400 mètres, on trouvera facilement (**152**) que la circonférence est 40007500, et par conséquent (**153**) on trouvera le nombre de degrés de l'arc BD par cette proportion 40007500 : 9441 :: 360° : à un quatrième terme, que l'on trouve 0° 5′ 6″; ainsi l'angle ACD, et par conséquent DAO, est de 0° 5′ 6″, lorsque AB est de 7 mètres.

### RÉSOLUTION DES TRIANGLES OBLIQUANGLES.

**298**. On se sert du terme de *triangles obliquangles* pour désigner, en général, les triangles qui n'ont point d'angle droit.

**299**. *Dans tout triangle rectiligne, le sinus d'un angle est au côté opposé à cet angle, comme le sinus de tout autre angle du même triangle est au côté qui lui est opposé.*

Car si l'on imagine un cercle circonscrit au triangle ABC (fig. 153), et qu'ayant tiré les rayons DA, DB, DC, on décrive d'un rayon D*b*, égal à celui des tables, le cercle *abc*; qu'enfin on tire les cordes *ab*, *bc*, *ac* qui joignent les points de section $a$, $b$, $c$; il est facile de voir que le triangle $abc$ est semblable au triangle ABC; car les lignes D$a$, D$b$ étant égales, sont proportionnelles aux lignes DA, DB; donc (**105**) $ab$ est parallèle à AB; on prouvera de même que $bc$ est parallèle à BC, et $ac$ parallèle à AC; donc (**111**) AB : $ab$ :: BC : $bc$ ou AB : $\frac{1}{2}ab$ :: BC : $\frac{1}{2}bc$; or la moitié de la corde $ab$ est (**270**) le sinus de $ah$ moitié de l'arc $ahb$; et cette moitié de l'arc $ahb$ est la mesure de l'angle $acb$ qui a son sommet à la circonférence, et qui est égal à l'angle ACB; donc $\frac{1}{2}$ $ab$ est le sinus de l'angle ACB. On prouvera de même que $\frac{1}{2}$ $bc$ est le sinus de l'angle BAC; donc AB : sin ACB :: BC : sin BAC.

**300**. Cette proposition sert à résoudre un triangle : 1° Lorsqu'on connaît deux angles et un côté;

2° Lorsqu'on connaît deux côtés et un angle opposé à l'un de ces côtés.

I^er^ CAS. Si l'on connaît l'angle B, l'angle C et le côté BC (fig. 65), on aura l'angle A en ajoutant les deux angles B et C et retranchant leur somme de 180°; et pour avoir les deux côtés AC et AB, on fera les deux proportions :

sin A : BC :: sin B : AC
sin A : BC :: sin C : AB.

C'est ainsi qu'on peut résoudre, par le calcul, la question que nous avons examinée (**121**). Par exemple, si l'angle B a été observé de 78° 57′, l'angle C de 47° 34′, et le côté BC de 184 mètres, on aura 53° 29′ pour l'angle A, et l'on trouvera les deux autres côtés par ces deux proportions :

sin 53° 29′ : 184 :: sin 78° 57′ : AC
sin 53° 29′ : 184 :: sin 47° 34′ : AB.

Faisant ces opérations par logarithmes comme il suit :

| | |
|---|---|
| log 184 | 2,2648178 |
| log sin 78° 57′ | 9,9918727 |
| *Complément arithmétique* du log sin 53° 29′ | 0,0949148 |
| Somme ou log AC | 12,3516053 |
| log 184 | 2,2648178 |
| log sin 47° 34′ | 9,8680934 |
| *Complément arithmétique* du log sin 53° 29′ | 0,0949148 |
| Somme ou log AB | 12,2278260 |

on trouvera que AC est de 224^m^, 7 et AB de 169^m^.

IIe CAS. Si l'on connaît le côté AB (fig. 141), le côté BC et l'angle A, on déterminera l'angle C en calculant son sinus par cette proportion :

$$BC : \sin A :: AB : \sin C.$$

Mais il faut remarquer, selon ce que nous avons déjà dit ci-dessus (**267**), que l'angle C ne sera déterminé qu'autant qu'on saura s'il doit être aigu ou obtus.

Par exemple, que AB soit de 68 mètres, BC de 37, et l'angle A de 32°28′, la proportion sera 37 : sin 32° 28′ :: 68 : sin C. On trouvera, en opérant comme ci-dessus, que ce sinus répond, dans les tables, à 80° 36′; mais comme le sinus d'un angle appartient aussi au supplément de cet angle, on ne sait si l'on doit prendre 80°36′, ou son supplément 99° 24′; mais si l'on sait que l'angle cherché doit être aigu, alors on est sûr qu'il est dans ce cas-ci de 80° 36′, et le triangle a alors la figure ABC; si au contraire il doit être obtus, il sera de 99° 24′, et le triangle aura la figure ABD.

Avant d'établir les deux propositions qui servent à résoudre les autres cas des triangles, il convient de placer ici une proposition qui nous sera utile pour l'application de ces deux propositions.

**301.** *Si l'on connaît la somme de deux quantités et leur différence, on aura la plus grande de ces deux quantités en ajoutant la moitié de la différence à la moitié de la somme; et la plus petite, en retranchant au contraire la moitié de la différence de la moitié de la somme.*

Par exemple, si je sais que deux quantités font ensemble 57, et qu'elles diffèrent de 17, j'en conclus que ces deux quantités sont 37 et 20; en ajoutant d'une part la moitié de 17 à la moitié de 57, et retranchant de l'autre part la moitié de 17 de la moitié de 57.

En effet, puisque la somme comprend la plus grande et la plus petite, si à cette somme on ajoutait la différence, elle comprendrait alors le double de la plus grande; donc la plus grande vaut la moitié de ce tout, c'est-à-dire la moitié de la somme des deux quantités, plus la moitié de leur différence.

Au contraire, si de la somme on ôtait la différence, il resterait le double de la plus petite; donc la plus petite vaudrait la moitié du reste, c'est-à-dire la moitié de la somme, moins la moitié de la différence.

**302.** *Dans tout triangle rectiligne* ABC (fig. 154 et 155), *si de l'un des angles on abaisse une perpendiculaire sur le côté opposé, on aura toujours cette proportion : le côté* AC *sur lequel tombe, ou sur le prolongement duquel tombe la perpendiculaire, est à la somme* AB+BC *des deux autres côtés, comme la différence* AB—BC *de ces mêmes côtés est à la différence des segments* AD *et* DC, *ou à leur somme, selon que la perpendiculaire tombe en dedans ou au dehors du triangle.*

Décrivez du point B comme centre, et d'un rayon égal au côté BC, la circonférence CEHF, et prolongez le côté AB jusqu'à ce qu'il la rencontre en E. Alors AE et AC sont deux sécantes tirées d'un même point pris hors du cercle ; donc, selon ce qui a été dit (**127**), on aura cette proportion AC : AE :: AG : AF.

Or AE est égal à AB+BE ou AB+BC ; AG est égal à AB—BG ou AB—BC ; et AF est (fig. 154) égal à AD—DF ou (**52**) à AD—DC ; donc AC : AB+BC :: AB—BC : AD—DC. Dans la figure 155, AF est égal à AD+DF ou AD+DC ; on a donc, dans ce cas, AC : AB+BC :: AB—BC : AD+DC.

**303.** Donc lorsqu'on connaît les trois côtés d'un triangle, on peut, par cette proposition, connaître les segments formés par la perpendiculaire menée d'un des angles sur le côté opposé ; car alors on connaît (fig. 154) la somme AC de ces segments, et la proportion qu'on vient d'enseigner fait connaître leur différence, puisque alors les trois premiers termes de cette proportion sont connus ; on connaîtra donc chacun des segments par ce qui a été dit (**301**). Dans la figure 155, on connaît la différence des segments AD et CD, qui est le côté même AC, et la proportion détermine la valeur de leur somme.

**304.** Il est aisé, d'après cela, de résoudre cette question, *connaissant les trois côtés d'un triangle, déterminer les angles.*

On imaginera une perpendiculaire abaissée de l'un de ces angles, ce qui donnera deux triangles rectangles ADB, CDB.

On calculera par la proposition précédente (**303**), l'un des segments, CD par exemple ; et alors dans le triangle rectangle CDB, connaissant deux côtés BC et CD outre l'angle droit, on calculera facilement l'angle C, par ce qui a été dit (**295**).

Exemple. Le côté AB est de 142 mètres, le côté BC de 64, et le côté AC de 184 ; on demande l'angle C.

Je calcule la différence des deux segments AD et DC, par

cette proportion 184 : 142 + 64 :: 142 — 64 : AD — DC, ou 184 : 206 :: 78 : AD — DC, que je trouve valoir 87,32 ; donc (**301**) le petit segment CD vaut la moitié de 184, moins la moitié de 87,32, c'est-à-dire qu'il vaut 48,34.

Cela posé, dans le triangle rectangle CDB, je cherche l'angle CBD, qui, étant une fois connu, fera connaître l'angle C; et pour trouver cet angle CBD, je fais cette proportion (**295**) BC : CD :: R : sin CBD, c'est-à-dire, 64 : 48,34 :: R : sin CBD.

Opérant par logarithmes,

| | |
|---|---|
| log de 48,34 | 1,6843066 |
| log du rayon | 10,....... |
| *Complément arithmétique* du log de 64 | 8,1938200 |
| Somme ou log sin CBD | 19,8781266 |

qui, dans les tables, répond à 49° 3′; donc l'angle C est de 40° 57′.

On peut résoudre ce même cas par cette autre règle, dont nous ne donnerons la démonstration que dans la troisième partie de ce cours.

De la moitié de la somme des trois côtés, retranchez successivement chacun des deux côtés qui comprennent l'angle cherché, ce qui vous donnera deux restes.

Faites ensuite cette proportion :

Le produit des deux côtés qui comprennent l'angle cherché est au produit des deux restes, comme le carré du rayon est au carré du sinus de la moitié de l'angle cherché; ce qui, en employant les logarithmes, se réduit à cette règle :

Au double du logarithme du rayon, ajoutez les logarithmes des deux restes, et du tout retranchez la somme des logarithmes des deux côtés qui comprennent l'angle cherché; ce qui restera sera le logarithme du carré du sinus de la moitié de l'angle cherché; prenez la moitié de ce reste, ce sera (*Arithmétique*, **230**) le logarithme de ce sinus, que vous chercherez dans les tables; ayant alors la moitié de l'angle, il n'y aura plus qu'à doubler cette moitié.

Ainsi, dans l'exemple que nous venons de proposer, j'ajouterais les trois côtés 184, 64, 142, et de 195 moitié de leur somme, je retrancherais successivement 184 et 64, ce qui me donnerait 11 et 131 pour restes. Alors ajoutant à 20,0000000 double du logarithme du rayon, les logarithmes 1,0413927 et

2,1172713 des restes 11 et 131, j'aurais 23,1586640, duquel retranchant la somme 4,0709978 des logarithmes 1,8061800 et 2,2648178 des côtés 64 et 184, il me resterait 19,0876662, dont la moitié 9,5438331 est le logarithme du sinus de la moitié de l'angle C; on trouve dans les tables que cette moitié est $20^{\circ}\ 28'\ \frac{1}{2}$ à peu près, dont le double est $40^{\circ}\ 57'$ comme ci-dessus.

En faisant usage des compléments arithmétiques, l'opération se réduit à l'addition suivante :

$$\begin{array}{lr} & 20,0000000 \\ & 1,0413927 \\ & 2,1172713 \\ & 8,1938200 \\ & 7,7351822 \\ \hline \text{Somme} & 39,0876662 \end{array}$$

diminuant le premier chiffre de deux unités, on a le même résultat que par l'opération précédente, mais plus brièvement.

Cette proposition peut servir à calculer les distances, lorsqu'on n'a point d'instrument pour mesurer les angles ; c'est le moyen de faire, par le calcul, ce qu'il était question de faire par lignes au nº **122**.

Le cas où l'on a à résoudre un triangle dont on connaît les trois côtés peut arriver souvent, lorsqu'on a à calculer plusieurs triangles dépendant les uns des autres.

**305.** *Dans tout triangle rectiligne, la somme de deux côtés est à leur différence, comme la tangente de la moitié de la somme des deux angles opposés à ces côtés est à la tangente de la moitié de leur différence.*

Car, selon ce qui a été dit (**299**), on a (fig. 156)

$$AB : \sin C :: AC : \sin B;$$

donc (**97**) $AB+AC : AB-AC :: \sin C+\sin B : \sin C-\sin B$ ;

or (**286**) $\sin C+\sin B : \sin C-\sin B :: \text{tang}\,\frac{C+B}{2} : \text{tang}\,\frac{C-B}{2}$;

donc $$AB+AC : AB-AC :: \text{tang}\,\frac{C+B}{2} : \text{tang}\,\frac{C-B}{2}.$$

**306.** Cette proposition sert à *résoudre un triangle dont on connaît deux côtés et l'angle compris*. Car si l'on connaît l'angle A, par exemple, on connaît aussi la somme des deux angles B et C, en retranchant l'angle A de 180°. Donc en prenant la moitié du reste qu'on aura par cette soustraction, et cherchant sa tangente dans les tables, on aura, avec les deux côtés AB et AC supposés connus, trois termes de connus dans la proportion qu'on vient de démontrer; on pourra donc calculer le quatrième, qui fera connaître la moitié de la différence des deux angles B et C. Alors connaissant la demi-somme et la demi-différence de ces angles, on aura (**301**) le plus grand, en ajoutant la demi-différence à la demi-somme; et le plus petit, en retranchant, au contraire, la demi-différence de la demi-somme. Enfin ces deux angles étant connus, on aura aisément le troisième côté par la proposition enseignée (**299**).

Exemple. Supposons que le côté AB soit de 142 mètres, le côté AC de 120, et l'angle A de 48°; on demande les deux angles C et B et le côté BC.

Je retranche 48° de 180°, et il me reste 132° pour la somme des deux angles C et B, et par conséquent 66° pour leur demi-somme.

Je fais cette proportion

$$142 + 120 : 142 - 120 :: \text{tang } 66^\circ : \text{tang } \frac{C-B}{2},$$

ou

$$262 : 22 :: \text{tang } 66^\circ : \text{tang } \frac{C-B}{2},$$

Et opérant par logarithmes,

| | |
|---|---|
| log tang 66°........................... | 10,3514169 |
| log 22................................. | 1,3424227 |
| *Complément arithmétique* du log de 262.. | 7,5816987 |
| Somme ou log de la demi-différence... | 19,2755383 |

qui, dans la table, répond à 10° 41'.

Ajoutant cette demi-différence à la demi-somme 66°, et la retranchant de cette même demi-somme, j'aurai, comme on voit ici :

| | | | |
|---|---|---|---|
| | 66° 0' | | 66° 0' |
| | 10° 41' | | 10° 41' |
| L'angle C | 76° 41'. | L'angle B | 55° 19'. |

Enfin, pour avoir le côté BC, je fais cette proportion

$$\sin C : AB :: \sin A : BC,$$

c'est-à-dire $\sin 76^\circ 41' : 142^m :: \sin 48^\circ : BC$

Opérant comme dans les exemples ci-dessus, on trouvera que BC vaut 108$^{m}$,4.

**307.** Tels sont les moyens qu'on peut employer pour la résolution des triangles : voici maintenant quelques exemples de l'application qu'on peut en faire aux figures plus composées.

**308.** Supposons que C et D (fig. 157) sont deux objets dont on ne peut approcher, mais dont on a cependant besoin de connaître la distance.

On mesurera une base AB des extrémités de laquelle on puisse apercevoir les deux objets C et D. On observera au point A les angles CAB, DAB, que font, avec la ligne AB, les lignes AC, AD, qu'on imaginera aller du point A aux deux objets C et D ; on observera de même au point B, les angles CBA, DBA. Cela posé, on connaît dans le triangle CBA les deux angles CAB, CBA et le côté AB, on pourra donc calculer le côté AC par ce qui a été dit (**300**). Pareillement dans le triangle ADB, on connaît les deux angles DAB, DBA et le côté AB ; ainsi on pourra, par le même principe, calculer le côté AD : alors en imaginant la ligne CD, on aura un triangle CAD, dans lequel on connaît les deux côtés AC, AD qu'on vient de calculer, et l'angle compris CAD, car cet angle est la différence des deux angles mesurés CAB, DAB ; on pourra donc calculer le côté CD (**306**).

**309.** On peut aussi, par ce même moyen, savoir quelle est la direction de CD, quoiqu'on ne puisse approcher de cette ligne. Car, dans le même triangle CAD, on peut calculer l'angle ACD que CD fait avec AC ; or si par le point C on imagine une ligne CZ parallèle à AB, on sait que l'angle ACZ est supplément de CAB, à cause des parallèles (**40**) ; donc prenant la différence de l'angle connu ACZ à l'angle calculé ACD, on aura l'angle DCZ que CD fait avec CZ ou avec sa parallèle AB ; et comme il est fort aisé d'orienter AB, on aura donc aussi la direction de CD.

**310.** Nous avons dit en parlant des lignes (**3**) que nous donnerions le moyen de déterminer différents points d'un même alignement, lorsque des obstacles empêchent de voir les extrémités l'une de l'autre. Voici comment on peut s'y prendre.

On choisira un point C (fig. 158) hors de la ligne AB dont il s'agit, et qui soit tel qu'on puisse, de ce point, apercevoir les deux extrémités A et B; on mesurera les distances AC et CB, soit immédiatement, soit en formant des triangles dont ces lignes deviennent côtés, et qu'on puisse calculer comme dans l'exemple précédent (308). Alors, dans le triangle ACB, on connaîtra les deux côtés AC et CB, et l'angle compris ACB; on pourra donc (306) calculer l'angle BAC. Cela posé, on fera planter, selon telle direction CD qu'on voudra, plusieurs piquets; et ayant mesuré l'angle ACD, on connaîtra dans le triangle ACD le côté AC et les deux angles A et ACD; on pourra donc (300) calculer le côté CD; alors on continuera de faire planter des piquets dans la direction CD, jusqu'à ce qu'on ait parcouru une longueur égale à celle qu'on a calculée, et le point D où l'on s'arrêtera sera dans l'alignement des deux points A et B.

**311.** S'il n'était pas possible de trouver un point C, duquel on pût apercevoir à la fois les deux points A et B, on pourrait se retourner de la manière suivante :

On chercherait un point C (fig. 159) d'où l'on pût apercevoir le point B, et un autre point E d'où l'on pût voir le point A et le point C. Alors mesurant, ou déterminant par quelque expédient tiré des principes précédents, les distances AE, EC et CB, on observerait au point E l'angle AEC, et au point C l'angle ECB. Cela posé, dans le triangle AEC, connaissant les deux côtés AE, EC, et l'angle compris AEC, on calculerait, par ce qui a été dit (306), le côté AC et l'angle ECA; retranchant l'angle ECA de l'angle observé ECB, on aurait l'angle ACB; et comme on vient de calculer AC, et qu'on a mesuré CB, on retomberait dans le cas précédent, comme si les deux points A et B eussent été visibles du point C; on achèvera donc de la même manière.

**312.** S'il s'agit de mesurer une hauteur et qu'on ne puisse approcher du pied, comme serait la hauteur d'une montagne (fig. 160), on mesurera sur le terrain une base FG des extrémités de laquelle on puisse apercevoir le point A dont on veut connaître la hauteur; ensuite avec le graphomètre dont BF et CG représentent la hauteur, on mesurera les angles ABC, ACB que font, avec la base BC, les lignes BA, CA, qu'on imagine aller des deux points B et C au point A; enfin à l'une des stations, en C par exemple, on disposera l'instrument comme on l'a fait dans l'exemple relatif à la figure 150, et on mesurera l'angle ACD, qui est l'inclination de la ligne AC à l'égard de l'horizon. Alors connaissant dans le triangle ABC les deux angles ABC, ACB et le côté BC, il sera facile (300) de calculer le côté AC; et dans le triangle ADC, où l'on connaît maintenant le côté AC, l'angle mesuré ACD, et l'angle D qui est droit, puisque AD est la hauteur perpendiculaire, il sera facile de calculer AD, et on aura la hauteur du point A au-dessus du point C. Si l'on veut savoir ensuite quelle est la hauteur du point A au-dessus du point B ou de tout autre point environnant, il ne s'agira plus que de niveler, ou de trouver la différence de hauteur entre les points C et B; c'est ce dont nous allons parler dans un moment.

**315.** Nous avons dit (**135**) que pour calculer la surface d'un segment AZBV (fig. 74) dont le nombre des degrés de l'arc AVB et le rayon sont connus, il fallait calculer la surface du triangle IAB, pour la retrancher de celle du secteur IAVB; c'est une chose facile actuellement, car dans le triangle rectangle IZB, on connaît, outre l'angle droit, le côté IB et l'angle ZIB moitié de AIB mesuré par l'arc AVB; on calculera donc facilement (**295**) IZ qui est la hauteur du triangle, et BZ qui est la moitié de la base.

On peut encore conclure de ce qui précède le moyen de faire un angle ou un arc d'un nombre déterminé de degrés et minutes. On tirera une droite CB (fig. 145) de grandeur arbitraire, que l'on prendra pour côté de l'angle; et ayant imaginé l'arc BDA décrit du point C, le rayon CA et la corde BA, si l'on imagine la perpendiculaire CI et si l'on mesure CB, on connaîtra, dans le triangle rectangle CIB, l'angle droit, le côté CB et l'angle BCI moitié de celui dont il s'agit; on pourra donc calculer BI, dont le double sera la valeur de la corde AB; ainsi, prenant une ouverture de compas égale à ce double, du point B comme centre on marquera le point A sur l'arc BDA, et tirant CA, on aura l'angle demandé.

Nous pourrions indiquer ici une infinité d'autres usages de la trigonométrie : mais en voilà assez pour mettre sur la voie; d'ailleurs nous aurons assez d'occasions, par la suite, d'avoir recours à cette partie.

## DU NIVELLEMENT.

**314.** Plusieurs observations démontrent que la surface de la terre n'est point plane, comme elle le paraît, mais courbe et même sphérique, ou à très-peu de chose près sphérique. Lorsqu'un vaisseau commence à découvrir une côte, les premiers objets qu'on remarque sont les objets les plus élevés. Or, si la surface de la terre était plane, en même temps qu'on découvre la tour B (fig. 161), on devrait apercevoir tout le terrain adjacent ABC. Ce qui fait qu'il n'en est pas ainsi, c'est que la surface DAC de la terre s'abaisse de plus en plus à l'égard de la ligne horizontale BD du vaisseau. Deux points D et B peuvent donc paraître dans une même ligne horizontale DB, quoiqu'ils soient fort inégalement éloignés de la surface, et par conséquent du centre T de la terre. Ce qu'on appelle *ligne horizontale* c'est une ligne tirée dans un plan qui touche la surface de la mer, ou parallèlement à ce plan qu'on appelle *plan horizontal;* et une *ligne verticale* est une perpendiculaire à un plan horizontal.

Ce qu'on appelle *niveler*, c'est déterminer de combien un objet est plus éloigné qu'un autre à l'égard du centre de la terre.

**315.** Lorsque l'un de ces objets vu de l'autre, paraît dans la ligne horizontale qui part de celui-ci, alors ils sont différemment éloignés du centre de la terre. Pour connaître cette différence, il faut remarquer que la distance à laquelle on peut apercevoir un objet terrestre, ou du moins que la distance à laquelle on observe dans le nivellement est toujours assez petite pour que cette distance DI (fig. 162) mesurée sur la surface de la terre, puisse être regardée comme égale à la tangente DB; or, on a vu (**129**) que la tangente DB était moyenne proportionnelle entre toute sécante menée du point B et la partie extérieure BI de cette même sécante; mais à cause de la petitesse de l'arc DI, on peut regarder la sécante qui passe par le point B et le centre T comme égale au diamètre, c'est-à-dire au double de IT ou au double de DT; donc BI sera le quatrième terme de cette proportion 2 DT : DI :: DI : BI

Supposons, par exemple, que DI mesuré sur la surface de la terre, soit de 1000 mètres; comme le rayon de la terre est de 6367400 mètres, on trouvera BI par cette proportion 12734800 : 1000 :: 1000 : BI. En faisant le calcul, on trouve

$0^m,07853$, qui reviennent à 7 centimètres 8 millimètres 53 centièmes; c'est-à-dire qu'entre deux objets B et D éloignés de mille mètres, et qui seraient dans une même ligne horizontale, la différence BI du niveau ou distance au centre de la terre est de 7 centimètres 8 millimètres et 0,53 de millimètre.

**316.** Quand on a calculé une différence de niveau, comme BI, on peut calculer plus facilement celles qui répondent à une moindre distance, en faisant attention que les distances BI, *bi* sont presque parallèles et égales aux lignes DQ, D*q*, qui (**170**) sont entre elles comme les carrés des cordes ou des arcs DI, D*i*; car ici, les cordes et les arcs peuvent être pris l'un pour l'autre; ainsi pour trouver la différence *bi* de niveau, qui répondrait à 800 mètres, je ferai cette proportion $\overline{1000}^2 : \overline{800}^2 :: 0{,}07853 : bi$, que je trouve, en faisant le calcul, de $0^m,05026$ ou 5 centimètres et 0,26 de millimètre.

**317.** Ces notions supposées, pour connaître la différence de niveau de deux points B et A (fig. 163) qui ne sont pas dans la ligne horizontale menée par l'un d'entre eux, on emploiera un instrument propre à mesurer les angles, que l'on disposera comme il a été dit dans l'exemple relatif à la figure 150; on observera l'angle BCD, et ayant mesuré la distance CD ou CI à l'aide d'une chaîne qu'on tend horizontalement et à diverses reprises, au-dessus du terrain AVB, on pourra, dans le triangle CDB, considéré comme rectangle en D, calculer BD, auquel on ajoutera la hauteur CA de l'instrument, et la différence DI de niveau, calculée par ce qui vient d'être dit (**315** et **316**).

Mais comme cette manière d'opérer suppose une grande exactitude dans la mesure de l'angle BCD et un instrument bien exact, on préfère souvent d'aller au même but par une voie plus longue, que nous allons décrire.

**318.** On emploie à cet effet un instrument tel que le représente la figure 164. C'est un tuyau creux de fer-blanc ou d'un autre métal, coudé en A et en B; dans les deux parties éminentes et égales AC et BD, on fait entrer deux tuyaux de verre I et K, mastiqués avec les parties AC et BD. On remplit d'eau tout le canal, jusqu'à ce qu'elle s'élève dans les deux tuyaux de verre; quand elle est à égale hauteur dans chacun, on est sûr que la ligne qui passe par la superficie de l'eau élevée dans chacun de ces deux tuyaux est une ligne horizontale, et on l'emploie de la manière suivante :

On fait plusieurs stations, par exemple aux points D, C, B (fig. 165) : ayant fait élever aux deux points A et N deux jalons, l'observateur qui est en D vise successivement à chacun de ces deux jalons, et fait marquer les deux points E et F, qu'on nomme points de *mire*. Faisant ensuite planter un autre jalon en quelque point P au delà de G, on fait marquer de même les deux points de mire G et H; on mesure à chaque station les hauteurs AE, GF, HI, etc., et après leur avoir appliqué (516) la correction de niveau qui convient aux distances KE, KF, LG, etc., estimées grossièrement, on ajoute ces hauteurs, et on a la différence de niveau entre A et B.

Si, dans le cours de ces opérations, on n'allait pas toujours en montant, on sent bien qu'au lieu d'ajouter il faudrait retrancher les quantités dont on a descendu.

Comme nous ne nous proposons pas de donner ici un traité détaillé du nivellement, nous ne nous arrêterons pas à décrire les autres méthodes et les autres instruments qu'on peut employer.

On peut voir, sur cette matière, le *Traité du Nivellement* de Picard; *Paris*, 1728.

# TRIGONOMÉTRIE SPHÉRIQUE.

## NOTIONS PRÉLIMINAIRES.

**319.** Un triangle sphérique est une partie de la surface de la sphère comprise entre trois arcs de cercle, qui ont tous trois pour centre commun le centre de la sphère, et qui sont par conséquent trois arcs de grand cercle de cette même sphère.

Si des trois angles A, F, G du triangle sphérique AFG (fig. 166), on imagine trois rayons AC, FC, GC menés au centre C de la sphère, on peut se représenter l'espace CAFG comme une pyramide triangulaire qui a son sommet C au centre de la sphère, et dont la base AFG est courbe et fait partie de la surface de cette sphère. Les arcs AF, FG, AG, qui sont les côtés curvilignes de la base, sont les rencontres de la surface de la sphère avec les plans ACF, FCG, GCA qui forment les faces de cette pyramide.

L'angle A compris entre les deux arcs AF, AG se mesure par l'angle rectiligne IAK, compris entre les tangentes AI, AK de ces deux arcs. Chacune de ces tangentes est dans le plan de l'arc auquel elle appartient, et elles sont toutes deux perpendiculaires au rayon CA (48), qui est l'intersection des deux plans ACF, ACG; donc (191) l'angle compris entre ces deux tangentes est le même que l'angle compris entre les plans ACF, ACG des deux arcs; donc

**320.** 1° *Un angle sphérique quelconque* FAG *n'est autre chose que l'angle compris entre les plans de ses deux côtés* AF, AG.

**321.** 2° *Les angles que forment les arcs de grand cercle qui se rencontrent sur la surface d'une sphère ont les mêmes propriétés que les angles plans*, c'est-à-dire les propriétés énoncées (**192**, **193** et **194**).

**322.** Donc *deux côtés d'un triangle sphérique sont perpendiculaires entre eux quand les plans qui les renferment sont perpendiculaires entre eux.*

Si l'on conçoit les deux plans ACG, ACF prolongés indéfiniment dans tous les sens, il est visible que la section que chacun formera dans la sphère sera un grand cercle, et que ces deux grands cercles se couperont mutuellement en deux parties égales aux points A et D de l'intersection commune AC prolongée; car les deux plans passant par le centre ont pour intersection commune un diamètre de la sphère.

**323.** Donc *deux côtés contigus* AG, AF *d'un triangle sphérique ne peuvent plus se rencontrer qu'à une distance* AGD *ou* AFD *de* 180° *depuis leur origine.*

**324.** Si l'on prend les deux arcs AB, AE, chacun de 90°, et que par les deux points B et E et le centre C on conduise un plan dont la section avec la sphère forme le grand cercle BENMO, je dis que ce cercle sera perpendiculaire aux deux cercles ABD, AED.

Car si l'on tire les rayons BC, EC, les angles ACB, ACE, qui ont pour mesure les arcs AB, AE, de 90° chacun, seront droits; donc la ligne AC est perpendiculaire aux deux droites CE, BC; donc (180) elle est perpendiculaire à leur plan, c'est-à-dire au cercle BENMO; donc les deux cercles AED, ABD, qui passent par la droite AD, sont aussi perpendiculaires à ce même cercle (184); donc réciproquement ce cercle leur est perpendiculaire.

Comme nous n'avons supposé aucune grandeur déterminée à l'angle GAF ou EAB, il est visible que la même chose aura toujours lieu, quelle que soit la grandeur de cet angle, et que par conséquent le cercle BENMO est perpendiculaire à tous les cercles qui passent par la droite AD.

La droite AD s'appelle *l'axe du cercle* BENMO; et les deux points A et D, qui sont chacun sur la surface de la sphère, sont dits les pôles de ce même cercle.

**325.** Concluons donc : 1° que *les pôles d'un grand cercle quelconque sont également éloignés de tous les points de la circonférence de ce grand cercle; et leur distance à chacun de ces points, mesurée par un arc de grand cercle, est un arc de* 90°.

Et réciproquement, *si un point quelconque* A *de la surface de la sphère se trouve éloigné de* 90° *de deux points* B *et* E *pris dans un arc de grand cercle, ce point* A *est le pôle de ce grand cercle.*

**326.** 2° Que *quand un arc* BF *de grand cercle est perpendiculaire sur un autre arc* BE *de grand cercle, il passe nécessairement* *par le pôle de celui-ci, ou du moins il y passerait, étant prolongé suffisamment.*

**327.** 3° Que *si deux arcs* BF, EG *de grand cercle sont perpendiculaires à un troisième arc de grand cercle* BE, *le point* A *où ils se rencontrent est le pôle de celui-ci.*

**328.** Puisque les deux droites BC, EC sont perpendiculaires au même point C de la droite AD, l'angle BCE qu'elles forment est donc (**191**) la mesure de l'inclinaison des deux plans ABD, AED, ou de l'angle sphérique EAB ou GAF; donc *Un angle sphérique* GAF *a pour mesure l'arc* BE *de grand cercle, que ses côtés (prolongés s'il est nécessaire) comprennent à la distance de* 90° *depuis le sommet.*

**329.** Si l'on conçoit que le demi-cercle ABD tourne autour du diamètre AD, et que de différents points R, B, H de sa circonférence, on abaisse sur AD les perpendiculaires RQ, BC, HP, il est évident

1° Que *chacun de ces points décrit une circonférence de cercle, qui a pour centre le point de* AD *sur lequel tombe cette perpendiculaire, et pour rayon cette perpendiculaire même.*

2° Que *les arcs* RS, BE, HL *décrits dans ce mouvement, et interceptés entre les deux plans* ABD, AED, *sont tous d'un même nombre de degrés;* car si l'on tire les lignes SQ, EC, LP, elles seront toutes perpendiculaires sur AD, puisqu'elles ne sont autre chose que les rayons RQ, BC, HP, parvenus dans le plan AED; donc (**191**) chacun des angles RQS, BCE, HPL, ou chacun des arcs RS, BE, HL mesure l'inclinaison des deux plans ABD, AED; donc tous ces arcs sont d'un même nombre de degrés.

3° *Les longueurs de ces arcs* RS, BE, HL *sont proportionnelles aux sinus des arcs* AR, AB, AH *qui mesurent leurs distances à un même pôle* A; *ou, ce qui revient au même, aux cosinus de leurs distances au grand cercle auquel ils sont parallèles.* Car il est évident que ces arcs étant semblables, sont proportionnels à leurs rayons RQ, BC, HP, qui sont évidemment les sinus des arcs AR, AB, AH, ou les cosinus des arcs BR, 0 et BH.

**330.** Si l'on imagine que la sphère ABDMOBN représente la terre, et AD son axe, ou celui de ses diamètres autour duquel elle fait sa révolution journalière, le cercle BENMO également éloigné des deux pôles A et D, est ce qu'on appelle l'*équateur*. Les cercles ABD, AED et tous leurs semblables, dont les plans passent par l'axe AD, se nomment des *méridiens*; les petits cercles dont RS, HL représentent ici des parties, se nomment des *parallèles à l'équateur* ou simplement des *parallèles*. Les arcs BH, EL qui mesurent la distance d'un parallèle jusqu'à l'équateur, s'appellent la *latitude* de ce parallèle ou d'un lieu qui serait situé sur sa circonférence.

Pour déterminer la position d'un lieu sur la terre, on le rapporte à deux cercles fixes perpendiculaires entre eux, tels que ABDM, BENMO, en cette manière. On prend pour cercle de comparaison un méridien ABDM qui passe par un lieu connu et déterminé : et pour fixer la position d'un autre lieu L, on imagine par celui-ci un autre méridien AELD. Il est visible que la position de ce méridien est connue, si l'on sait quel est le nombre de degrés de l'arc BE compris entre le point B, et le point E où ce même méridien rencontre l'équateur. Le point B étant donc le point fixe auquel on rapporte tous les autres méridiens, l'arc BE s'appelle alors la *longitude** du méridien AED, et de tous les lieux situés sur ce même méridien; il ne s'agit donc plus, pour déterminer la position du lieu L, que de connaître le nombre des degrés de l'arc EL, ce qu'on appelle la *latitude* du lieu L, et qui est aussi la latitude de tous les lieux situés sur le parallèle dont HL fait partie.

On voit par là que tous les lieux situés sur un même méridien ont une même longitude, et que tous ceux qui sont situés sur un même parallèle ont une même latitude; mais il n'y a qu'un seul point L (au moins dans une même moitié de la sphère, ou dans un même hémisphère) qui puisse avoir en même temps une longitude et une latitude proposées. La position d'un lieu est donc déterminée quand on connaît sa longitude et sa latitude; mais pour la latitude, il faut savoir de plus vers quel pôle on la compte. Ainsi supposant que le pôle A soit celui du midi ou le pôle *austral*, et D le pôle du nord ou le pôle *boréal*, il faut savoir si la latitude est australe ou boréale; car on conçoit aisément qu'il peut y avoir et qu'il y a, en effet,

* On est dans l'usage de compter les longitudes d'Occident en Orient; le cercle d'où l'on part pour compter les longitudes s'appelle *premier méridien*; les Français ont choisi celui qui passe par l'Ile de Fer, la plus occidentale des Canaries; en sorte que Paris est à 20° de longitude.

un point dans l'hémisphère austral qui est situé de la même manière que le point L l'est dans l'hémisphère boréal.

La longueur terrestre d'un degré de grand cercle est de 20 lieues marines, c'est-à-dire de 20 lieues de 5566 mètres chacune. Ainsi, si l'on s'avance sur l'équateur, à chaque 20 lieues on change d'un degré en longitude; et si l'on marche sur un même méridien, à chaque 20 lieues on change d'un degré en latitude; mais si l'on marche sur un parallèle à l'équateur, il est évident qu'à chaque 20 lieues on change de plus d'un degré en longitude, et d'autant plus que le parallèle sur lequel on s'avance est plus éloigné de l'équateur, c'est-à-dire est par une plus grande latitude. Pour trouver à combien de degrés de longitude répond un certain nombre de lieues HL, parcourues sur un parallèle connu, il faut faire cette proportion : *Le cosinus de la latitude est au rayon, comme le nombre de lieues parcourues sur le parallèle est à un quatrième terme*, qui sera le nombre de lieues de l'arc correspondant BE de l'équateur, qui marque le changement en longitude. C'est une suite immédiate de ce qui a été dit (329). Par exemple, supposant que par la latitude de 47°20′, on ait couru 18 lieues sur un parallèle à l'équateur, si l'on demande combien on a changé en longitude, on fera cette proportion, cos 47°20′ ou sin 42°40′ : R :: 18^l est à un quatrième terme qu'on trouvera de 26^l,56, lesquelles étant divisées par 20, à raison de 20 lieues par degré, donnent 1° 328 ou 1° 19′ 41″ à peu près, pour le changement en longitude.

Revenons aux propriétés de la sphère.

**331.** Supposons que AFIG, BFHG (fig. 167) sont deux grands cercles de la sphère; et ABDEIH un troisième grand cercle qui coupe perpendiculairement ces deux-là, il suit de ce qui a été dit (326) que le cercle ABDEIH passe par les pôles des deux cercles AFIG, BFHG; soient D et E ces pôles, et DK, EL les deux axes; puisque les angles ACD, BCE sont droits, si de chacun on retranche l'angle commun BCD, les angles restants ACB, DCE seront égaux, et par conséquent aussi les arcs AB, DE; donc *l'arc DE qui mesure la plus courte distance des pôles de deux grands cercles, est égal à l'arc AB qui mesure le plus petit des deux angles que l'un de ces cercles fait avec l'autre.*

### PROPRIÉTÉS DES TRIANGLES SPHÉRIQUES.

**332.** Il est évident que par deux points pris sur la surface d'une sphère on ne peut faire passer qu'un seul arc de grand cercle; car ce grand cercle est l'intersection de la sphère, par un plan qui est assujetti à passer par le centre. Or il est évident que par trois points donnés on ne peut faire passer qu'un seul plan.

**333.** Quoiqu'un triangle sphérique puisse avoir quelques-unes de ses parties de plus de 180°, néanmoins nous ne considérerons que ceux dont chacune des parties est moindre que 180°, parce qu'on peut toujours connaître l'un de ces triangles par l'autre. Par exemple, si l'on se représente le triangle ABEMV (fig. 166) formé par les arcs quelconques AB, AV, et par l'arc BMV de plus de 180°; en imaginant le cercle entier BMVB, on pourra substituer le triangle BOVA dont l'arc BOV est moindre que 180°, au triangle ABEMV, parce que les parties du premier sont ou égales à celles du second ou leur supplément à 180° ou à 360°, en sorte que l'un de ces triangles est connu par l'autre.

**334.** *Chaque côté d'un triangle sphérique est plus petit que la somme des deux autres.*

Cela est évident.

**335.** *La somme des trois côtés d'un triangle sphérique est toujours moindre que* 360°.

Car il est évident (334) que FG est plus petit que AG + AF; or AG + AF ajoutés avec DG + DF ne font que 360°; donc AG + AF, ajoutés avec FG, feront moins que 360°.

**336.** *Soient* ABC (fig. 168) *un triangle sphérique quelconque;* DEF *un autre triangle sphérique tel que le point* A *soit le pôle de l'arc* EF, *le point* C *le pôle de l'arc* DE, *et le point* B *le pôle de l'arc* DF; *chaque côté du triangle* DEF *sera supplément de l'angle qui lui est opposé dans le triangle* ABC, *et chaque angle de ce même triangle* DEF *sera supplément du côté qui lui est opposé dans le triangle* ABC.

Car, puisque le point A est le pôle de l'arc EF, le point E doit être éloigné du point A de 90° (325); par la même raison, puisque C est le pôle de l'arc DE, le point E doit être à 90° du point C : donc (325) le point E est le pôle de l'arc AC. On prouvera de même que D est le pôle de BC, et F le pôle de AB.

Cela posé, prolongeons les arcs AC, AB jusqu'à ce qu'ils rencontrent l'arc EF en G et H. Puisque le point E est pôle de ACG, l'arc EG est de 90° ; et puisque F est pôle de ABH, l'arc FH est de 90° ; donc EG + FH ou EG + FG + GH ou EF + GH est de 180° ; or GH est la mesure de l'angle A (328), puisque les arcs AG, AH sont de 90° ; donc EF + A est de 180° ; donc EF est supplément de l'angle A. On prouvera, de la même manière, que DE est supplément de C, et DF supplément de B.

Prolongeons l'arc AB jusqu'à ce qu'il rencontre DF en I. Les deux arcs AH et BI sont chacun de 90°, puisque A et B sont les pôles des arcs EF, DF ; donc AH + BI ou AH + AB + AI ou HI + AB est de 180°, mais HI est la mesure de l'angle F (328), puisque le point F est pôle de HI ; donc F + AB est de 180° ; donc F est supplément de AB. On prouvera de même que E est supplément de AC, et D supplément de BC.

**337.** Concluons de là que *la somme des trois angles d'un triangle sphérique vaut toujours moins que* 540°, *ou que* 3 *fois* 180°, *et plus que* 180°.

Car la somme des trois angles A, B, C avec la somme des trois côtés EF, DF, DE, vaut trois fois 180° (336) ; donc, 1° la somme des trois angles A, B, C est moindre que trois fois 180° ou que 540° ; 2° la somme des trois côtés EF, DF, DE est (335) moindre que 360°, ou deux fois 180° ; donc il reste plus de 180° pour la somme des trois angles A, B, C.

**338.** *Un triangle sphérique peut donc avoir ses trois angles droits, et même ses trois angles obtus.*

On voit donc que la somme des trois angles d'un triangle sphérique n'est pas une quantité qui soit toujours la même, comme dans les triangles rectilignes ; et par conséquent on ne peut pas, de deux angles connus, conclure le troisième.

**339.** Comme les parties du triangle DEF sont, chacune, supplément de celle qui lui est opposée dans le triangle ABC, il s'ensuit que l'un de ces triangles peut être résolu par l'autre, puisque connaissant les parties de l'un, on a celles de l'autre. Nous ferons usage de cette remarque ; et comme les deux triangles ABC, DEF reviendront souvent, nous nommerons le triangle DEF *triangle supplémentaire*, pour abréger le discours.

**340.** *Deux triangles sphériques tracés sur une même sphère, ou sur des sphères égales, sont égaux,* 1° *lorqu'ils ont un côté égal adjacent à deux angles égaux chacun à chacun;* 2° *lorsqu'ils ont un angle égal compris entre deux côtés égaux chacun à chacun;* 3° *lorsqu'ils ont les trois côtés égaux chacun à chacun;* 4° *lorsqu'ils ont les trois angles égaux chacun à chacun.*

Les trois premiers cas se démontrent précisément de la même manière que pour les triangles rectilignes (**80**, **81** et **83**).

A l'égard du quatrième, comme il n'a pas lieu pour les triangles rectilignes, il exige une démonstration à part; la voici :

Concevez que pour chacun des deux triangles ABC et *abc* (fig. 168 et 169) ont ait tracé les triangles supplémentaires DEF et *def*. Si les angles A, B, C sont égaux aux angles *a*, *b*, *c* chacun à chacun, les côtés EF, DF, DE suppléments des premiers angles seront donc égaux aux côtés *ef*, *df*, *de* suppléments des derniers; donc par le troisième des quatre cas qu'on vient d'énoncer, ces deux triangles DEF et *def* seront parfaitement égaux; donc les angles D, E, F, seront égaux aux angles *d*, *e*, *f* chacun à chacun; donc les côtés BC, AC, AB, suppléments de ces trois premiers angles, seront égaux aux côtés *bc*, *ac*, *ab*, suppléments des trois derniers.

**341.** *Dans un triangle sphérique isoscèle, les deux angles opposés aux côtés égaux sont égaux; et réciproquement, si deux angles d'un triangle sphérique sont égaux, les côtés qui leur sont opposés sont aussi égaux.*

Prenez sur les côtés égaux AB, AC, (fig. 170) les arcs égaux AD, AE, et concevez les arcs de grand cercle DC, BE; les deux triangles ADC, AEB, qui ont alors un angle commun compris entre deux côtés égaux chacun à chacun, seront égaux (**340**). Donc l'arc BE est égal à l'arc CD; donc les deux triangles BDC et BEC sont égaux, puisque outre DC égal à BE, comme on vient de le voir, ils ont de plus le côté BC commun, et que d'ailleurs les parties BD, CE sont égales, puisque ce sont les restes de deux arcs égaux AB, AC dont on a retranché des arcs égaux AD, AE. De ce que ces deux triangles sont égaux, on peut donc conclure que l'angle DBC ou ABC est égal à l'angle ECB ou ACB.

Quant à la seconde partie de la proposition, elle est une suite de la première, en imaginant le triangle supplémentaire; car si les deux angles B et C (fig. 168) sont égaux, leurs suppléments DF, DE seront égaux; le triangle DEF sera donc isoscèle; donc les angles E et F seront égaux; donc leurs suppléments AC et AB seront égaux.

342. *Dans tout triangle sphérique* ABC (fig. 171), *le plus grand côté est opposé au plus grand angle, et réciproquement.*

Si l'angle B est plus grand que l'angle A, on pourra conduire en dedans du triangle un arc BD de grand cercle, qui fasse l'angle ABD égal à l'angle BAD, et alors BD sera égal à AD (341); or BD + DC est plus grand que BC, donc aussi AD + DC ou AC est plus grand que BC.

La réciproque se démontrera facilement et d'une manière analogue, en employant le triangle supplémentaire.

Les dernières propositions que nous venons d'établir sont utiles pour se diriger dans la résolution des triangles sphériques, où tout ce que l'on cherche se détermine par des sinus ou des tangentes qui, appartenant indifféremment à des arcs plus petits que 90°, ou à leurs suppléments, peuvent souvent laisser dans l'incertitude sur celui de ces deux arcs qu'on doit adopter; mais ces connaissances ne sont pas suffisantes pour découvrir dans quels cas ce que l'on cherche doit être plus grand ou plus petit que 90°, et dans quels cas il peut être indifféremment plus grand ou plus petit.

## MOYENS DE RECONNAITRE DANS QUELS CAS LES ANGLES OU LES CÔTÉS QU'ON CHERCHE DANS LES TRIANGLES SPHÉRIQUES RECTANGLES, DOIVENT ÊTRE PLUS GRANDS OU PLUS PETITS QUE 90°.

343. Quoique deux angles et même les trois angles d'un triangle sphérique rectangle puissent être droits, et que par conséquent il puisse y avoir deux ou trois hypoténuses, néanmoins nous n'appellerons *hypoténuse* que le côté opposé à l'angle droit que nous considérerons, et nous appellerons les deux autres angles, *angles obliques.*

344. *Chacun des deux angles obliques d'un triangle sphérique rectangle est de même espèce que le côté qui lui est opposé; c'est-*

*à-dire qu'il est de 90°, si ce côté est 90°; et plus grand ou plus petit que 90°, selon que ce côté est plus grand ou plus petit que 90°.*

Que B (fig. 172) soit l'angle droit; si BC est moindre que 90°, en le prolongeant jusqu'en D, de manière que BD soit de 90°, le point D sera le pôle de l'arc AB (**326**); donc l'arc de grand cercle DA, conduit à l'extrémité du côté BA, sera perpendiculaire sur BA; donc l'angle DAB sera droit; donc CAB est moindre que 90°. On prouvera, d'une manière semblable, les deux autres cas.

**345.** *Si les deux côtés, ou les deux angles d'un triangle sphérique rectangle sont tous deux plus petits ou tous deux plus grands que 90°, l'hypoténuse sera toujours plus petite que 90°; et au contraire, elle sera plus grande que 90°, si les deux côtés ou les deux angles sont de différente espèce.*

Car, en supposant la même construction que dans la proposition précédente, si AB est aussi moindre que 90°, l'angle ADB qui doit (**344**) être de même espèce que le côté AB, sera moindre que 90°; par la même raison, l'angle ACB sera moindre que 90°; donc ACD sera obtus, et par conséquent plus grand que ADC; donc AD sera plus grand que AC (**342**); or AD est de 90°, donc AC est moindre que 90°.

Parcillement si les deux côtés BC et AB de l'angle droit B (fig. 173), sont tous deux plus grands que 90°, l'hypoténuse AC sera encore plus petite que 90°; car si l'on prend BD de 90°, D étant le pôle de l'arc AB, DA sera de 90°; or puisque AB est de plus de 90°, l'angle ACB sera obtus (**344**); il en sera de même, et par la même raison, de l'angle ADB; donc ADC est aigu, et par conséquent plus petit que ACD; donc aussi AC sera plus petit que AD (**342**), c'est-à-dire moindre que 90°.

Au contraire, si AB (fig. 174) est moindre que 90°, et BC plus grand, alors l'angle ACB, qui est de même espèce que AB (**344**), sera aigu; il en sera de même de l'angle ADB, donc ADC sera obtus, et par conséquent plus grand que ACD; donc AC sera plus grand que AD, c'est-à-dire plus grand que 90°.

Quant aux angles comparés à l'hypoténuse, la vérité de cette proposition suit de ce que ces angles sont chacun de même espèce que le côté qui lui est opposé (**344**).

**346.** Donc 1° *Selon que l'hypoténuse sera plus petite ou plus grande que 90°, les côtés seront de même ou de différente espèce entre eux; et il en sera de même des angles obliques.*

**347.** 2° *Selon que l'hypoténuse et un côté seront de même ou de différente espèce, l'autre côté sera plus petit ou plus grand que 90°; et il en sera de même de l'angle opposé à ce dernier côté.*

### PRINCIPES POUR LA RÉSOLUTION DES TRIANGLES SPHÉRIQUES RECTANGLES.

**348.** La résolution des triangles sphériques rectangles ne dépend que de trois principes que nous allons exposer successivement, et que nous éclaircirons ensuite par des exemples. Le premier de ces principes est commun aux triangles rectangles et aux triangles obliquangles.

Chaque cas des triangles sphériques rectangles peut être résolu par une seule proportion, que l'on trouvera toujours par l'un ou l'autre des trois principes suivants.

**349.** *Dans tout triangle sphérique* ABC (fig. 175), *on a toujours cette proportion : Le sinus d'un des angles est au sinus du côté opposé à cet angle comme le sinus d'un autre angle est au sinus du côté opposé à celui-ci.*

Soient H le centre de la sphère, BH, AH, CH, trois rayons : du sommet de l'angle A abaissons sur le plan du côté opposé BC la perpendiculaire AD, et par cette ligne conduisons deux plans ADE, ADF, de manière que les rayons BH, CH leur soient perpendiculaires respectivement; les lignes AE, DE sections des deux plans ABH, CBH, avec le plan ADE seront perpendiculaires sur l'intersection commune BH de ces deux plans, et par conséquent l'angle AED sera l'inclinaison de ces deux plans (**191**); donc il sera égal à l'angle sphérique ABC (**320**); par la même raison, l'angle AFD sera égal à l'angle sphérique ACB.

Cela posé, les deux triangles ADE, ADF étant rectangles en D, on aura (**295**)

$$\mathrm{R} : \sin \mathrm{AED} :: \mathrm{AE} : \mathrm{AD}$$

et

$$\sin \mathrm{AFD} : \mathrm{R} :: \mathrm{AD} : \mathrm{AF}$$

donc (**100**)

$$\sin \mathrm{AFD} : \sin \mathrm{AED} :: \mathrm{AE} : \mathrm{AF}.$$

Or, les lignes AE, AF étant des perpendiculaires abaissées de l'extrémité A des arcs AB, AC, sur les rayons BH, CH qui passent par l'autre extrémité de ces arcs, sont (**269**) les sinus de ces mêmes arcs; donc et à cause que les angles AED et AFD sont égaux aux angles B et C, on a enfin

sin C : sin B :: sin AB : sin AC.

On démontrerait de la même manière que

sin C : sin A :: sin AB : sin BC.

**350.** Si l'un des angles comparés est droit, comme son sinus est alors égal au rayon (**274**), la proportion peut être énoncée ainsi : *Le rayon est au sinus de l'hypoténuse, comme le sinus d'un des angles obliques est au sinus du côté opposé.*

**351.** *Dans tout triangle sphérique rectangle, le rayon est au sinus d'un des côtés de l'angle droit, comme la tangente de l'angle oblique adjacent à ce côté est à la tangente du côté opposé.*

Soit B (fig. 176) l'angle droit : de l'extrémité C du côté BC, menons CI perpendiculaire sur le rayon BD de la sphère, et par cette droite CI conduisons le plan CIE, de manière que le rayon DA lui soit perpendiculaire. Alors l'angle IEC sera égal à l'angle sphérique A, et puisque les deux plans DBC, DBA sont supposés perpendiculaires entre eux, la ligne CI perpendiculaire à leur commune section DB, sera (**185**) perpendiculaire au plan DBA, et par conséquent (**178**) à la droite IE.

Cela posé, dans le triangle rectangle DIC, on a (**296**)

DI : CI :: R : tang IDC,

et dans le triangle rectangle EIC on a par le même principe

CI : IE :: tang IEC : R;

donc (**100**) DI : IE :: tang IEC : tang IDC ou :: tang A : tang BC, puisque l'angle IDC a pour mesure l'arc BC. Or, dans le triangle rectangle IED on a (**295**) DI : IE :: R : sin IDE ou sin AB; donc à cause du rapport commun de DI à IE, on aura

R : sin AB :: tang A : tang BC.

**352.** *Dans tout triangle sphérique rectangle* ABC (fig. 177), *si l'on prolonge les deux côtés* BC, AC *d'un des angles obliques jusqu'en* D *et* E, *de manière que* DB, AE *soient chacun de* 90°, *et qu'on joigne les extrémités* D *et* E *par un arc de grand cercle* DE, *on aura un nouveau triangle* CED *rectangle en* E, *dont les parties seront ou égales à celles du triangle* ABC *ou leur complément.*

Imaginons les côtés AB et DE prolongés jusqu'à ce qu'ils se

rencontrent en F; puisque BD est de 90° et perpendiculaire sur AB, le point D est le pôle de l'arc AB (326); donc DF est de 90°, et perpendiculaire sur AF; par la même raison, FA est de 90°.

Puisqu'on a fait AE de 90°, et que FA est aussi de 90°, le point A est le pôle de DF (325); donc AE est perpendiculaire sur DE, et par conséquent le triangle CED est rectangle en E.

Cela posé, il est évident que l'angle E est égal à l'angle B, et que l'angle DCE est égal à l'angle ACB (321); que le côté DC est complément de CB; que DE complément de EF, qui (328) est la mesure de l'angle CAB, est complément de cet angle CAB; que CE est complément de AC, et que l'angle D qui (328) a pour mesure BF complément de AB, est complément de AB; donc, en effet, les parties du triangle DCE sont, ou égales aux parties du triangle ACB, ou leur complément.

On démontrerait la même chose du triangle AHI, qu'on formerait en prolongeant de même au-dessus de A les côtés BA et AC de l'angle oblique BAC, jusqu'à ce qu'ils fussent de 90° chacun.

**353.** On voit donc que dès qu'on connaît trois choses dans le triangle ABC, on connaît aussi trois choses dans chacun des deux triangles CED, AHI. On voit en même temps que les trois autres parties qui resteraient à trouver dans le triangle ABC feraient connaître les trois autres parties de chacun de ces deux triangles CED, AHI, et réciproquement.

Donc, lorsque ayant à résoudre le triangle ABC, on ne pourra faire usage immédiatement ni de l'un ni de l'autre des deux principes posés (349 et 351), on aura recours à l'un ou à l'autre des deux triangles CED, AHI; et alors l'application de l'un ou de l'autre de ces deux principes aura lieu, et fera connaître les parties de ces triangles, qui donneront ensuite la connaissance des parties du triangle ABC, par le principe qu'on vient de poser en dernier lieu. Nous nommerons dorénavant les triangles CED, AHI, *triangles complémentaires.*

Si les côtés AB, AC, ou AC, BC que la proposition démontrée (352) suppose tous deux plus petits que 90°, étaient tous deux plus grands, ou l'un plus grand et l'autre plus petit que 90°, comme il arrive dans le triangle FBC (fig. 178); au lieu de calculer ce triangle FBC, on calculerait le triangle ABC formé par les arcs FC, FB prolongés jusqu'à 180°; les parties de celui-ci étant connues, feraient connaître celles du triangle FBC. Au reste, il n'est pas indispensable d'avoir recours à cet expédient; la proportion que donnera la figure 177 a toujours lieu, soit que les parties du triangle soient plus petites que 90°, soit qu'elles soient plus grandes.

Remarquons, à l'égard des triangles sphériques rectangles, comme nous l'avons fait pour tous les triangles rectilignes rectangles, que l'angle droit étant un angle connu, il suffit, pour être en état de résoudre un triangle rectangle, de connaître deux choses outre l'angle droit. Passons aux exemples.

Exemple I. Supposons le côté BC (fig. 177) de 15° 17′, l'angle A de 23° 42′; on demande l'hypoténuse AC.

Pour trouver l'hypoténuse, on peut faire immédiatement usage du principe donné (**349**), en faisant cette proportion, sin A : sin BC :: R : sin AC, qui n'est autre chose que la proportion énoncée (**350**), mais dont on a transposé les deux rapports. Cette proportion, dans le cas présent, revient à sin 23° 52′ : sin 15° 17′ :: R : sin AC.

Opérant par logarithmes, on a

| | |
|---|---|
| log sin 15° 17′........................ | 9,4209330 |
| log du rayon........................ | 10,....... |
| *Complément arithmétique* du log sin de 23° 42′ | 0,3958304 |
| Somme ou log sin AC................. | 19,8167634 |

qui, dans les tables, répond à 40° 59′; en sorte que l'hypoténuse AC est 40° 59′, si elle doit être moindre que 90°; ou bien elle est de 139° 1′, supplément de 40° 59′, si elle doit être plus grande que 90°; car rien ici ne détermine si l'hypoténuse AC est moindre ou plus grande que 90°; et ces deux solutions sont également possibles, comme il est aisé de s'en convaincre par la fig. 178, dans laquelle les deux triangles ABC, ADE peuvent, avec le même angle A, avoir le côté BC égal au côté DE, et les hypoténuses AC, AE différentes; mais en prolongeant AC, AB jusqu'à ce qu'ils se rencontrent en F, on voit que AE est supplément de AC, parce qu'il est supplément de FE, qui est égal à AC lorsque DE est égal à BC.

Exemple II. Pour avoir le côté AB du même triangle ABC (fig. 177) on peut appliquer directement la proposition enseignée (**351**), qui fournit cette proportion,

R : sin AB :: tang AB : tang BC, ou tang A : tang BC :: R : sin AB, c'est-à-dire tang 23° 42' : tang 15° 17' :: R : sin AB. Opérant par logarithmes on aura

| | |
|---|---|
| log tang 15° 17'........................ | 9,4365704 |
| log du rayon........................... | 10,....... |
| *Complément arithm.* du log tang 23° 42'.. | 0,3575658 |
| Somme ou log sin AB.................... | 19,7941362 |

qui, dans les tables, répond à 38° 30'; en sorte que le côté AB est de 38° 30', ou 141° 30', selon qu'il doit être plus petit ou plus grand que 90°, c'est-à-dire (fig. 178) selon qu'il doit appartenir au triangle ABC ou au triangle ADE.

Exemple III. L'angle droit, l'angle A et le côté BC étant toujours les seules choses connues, pour trouver l'angle C du même triangle (fig. 177), je remarque que je ne puis appliquer aucune des deux analogies enseignées (549 et 551), parce que je n'aurais que deux termes de connus, soit dans l'une soit dans l'autre; c'est pourquoi j'ai recours au triangle complémentaire DCE, dans lequel le côté DE complément de l'angle A de 23° 42', sera de 66° 18'; le côté ou l'hypoténuse DC complément de BC ou de 15° 17', sera de 74° 43', et l'angle DCE est égal à l'angle ACB qu'il s'agit de trouver; or, dans ce triangle DCE, je puis appliquer le principe donné (550), en disant sin DC : R :: sin DE : sin DCE; c'est-à-dire sin 74° 43' : R :: sin 66° 18' : sin DCE.

Opérant par logarithmes :

| | |
|---|---|
| log sin 66° 18'........................ | 9,9617355 |
| log du rayon........................... | 10,....... |
| *Complément arithm.* du log sin 74° 43'... | 0,0156374 |
| Somme ou log sin DCE................... | 19,9773729 |

qui, dans les tables, répond à 71° 40'; donc l'angle DCE, et par conséquent l'angle demandé ACB est de 71° 40' ou de 108° 20' supplément de 71° 40'; car puisque rien ne détermine ici si le triangle ACB est tel que le triangle ACB de la figure 178, ou tel que le triangle AED de la même figure, il demeure incertain si l'on doit prendre l'angle ACB ou l'angle AED qui en est le supplément.

Exemple IV. Que le côté AB du triangle ABC (fig. 177) soit de 48° 51', et le côté BC de 37° 45'; si l'on veut avoir l'hypoténuse AC, on aura recours au triangle complémentaire DCE, dans lequel on connaît alors l'hypoténuse DC complément de BC ou de 37° 45', et qui sera par conséquent de 52° 15'; on connaît aussi l'angle D qui a pour mesure BF complément de AB ou de 48°51′, et qui sera par conséquent de 41°9′; et pour avoir l'hypoténuse AC, il n'y aura qu'à calculer le côté CE, qui étant son complément, la fera connaître. Or, dans le triangle DCE, pour avoir CE, on fera cette proportion (350) R : sin DC :: sin D : sin CE, c'est-à-dire R : sin 52° 15′ :: sin 41° 9′ : sin CE. Opérant par logarithmes, on aura

| | |
|---|---|
| log sin 41° 9′........................ | 9,8182474 |
| log sin 52° 15′........................ | 9,8980060 |
| Somme........................ | 19,7162534 |
| log du rayon........................ | 10,....... |
| Reste ou log sin CE........................ | 9,7162534 |

qui, dans les tables, répond à 31°21′; donc AC qui en est le complément, ne peut être que 58°39′; car les deux côtés AB, BC étant de même espèce, l'hypoténuse doit (345) être moindre que 90°.

Exemple V. Les mêmes choses étant données, pour trouver l'angle C ou l'angle A, on appliquera directement la proposition (351) qui, pour l'angle A, donne

R : sin AB :: tang A : tang BC, ou sin AB : R :: tang BC : tang A,

c'est-à-dire sin 48° 51′ : R :: tang 37° 45′ : tang A. Et par la même raison, on aura pour l'angle C, sin BC : R :: tang AB : tang C, c'est-à-dire, sin 37° 45′ : R :: tang 48° 51′ : tang C. Opérant par logarithmes, on aura pour l'angle A

| | |
|---|---|
| log tang 37° 45′........................ | 9,8888996 |
| log du rayon........................ | 10,....... |
| *Complément arithm.* du log sin 48° 51′... | 0,1232111 |
| Somme ou log tang A........................ | 10,0121107 |

pour l'angle C

| | |
|---|---|
| log tang 48° 51′........................ | 10,0585415 |
| log du rayon........................ | 10,....... |
| *Complément arithm.* du log sin 37° 45′... | 0,2130944 |
| Somme ou log tang C........................ | 10,2716359 |

après avoir ôté une unité au premier chiffre, selon ce qui a été dit (297). Ces log., dans les tables, répondent à 45°48′ et 61° 51′, qui sont, le premier, la valeur de l'angle A; et le second, la valeur de l'angle C; parce que les deux côtés AB, BC étant tous deux plus petits que 90°, les deux angles A et C doivent aussi (344) être tous deux plus petits que 90°.

Ces exemples suffisent pour faire voir comment on doit se conduire dans les autres cas; mais pour épargner, à ceux qui auraient de ces sortes de calculs à faire, la peine de recourir aux triangles complémentaires, nous joignons ici une table qui indique quelle proportion il faut faire dans chaque cas.

**TABLE POUR LA RÉSOLUTION DE TOUS LES CAS POSSIBLES DES TRIANGLES SPHÉRIQUES RECTANGLES *.**

| ÉTANT DONNÉS | TROUVER | PROPORTION A FAIRE. | CAS OU CE QUE L'ON CHERCHE DOIT ÊTRE MOINDRE QUE 90°. |
|---|---|---|---|
| AB, AC | C | Sin AC : R :: sin AB : sin C | Si AB est moindre que 90°. |
| | A | Cot AB : cot AC :: R : cos A | Si AB et AC sont de même espèce. |
| | BC | Cos AB : cos AC :: R : cos BC | Si AB et AC sont de même espèce. |
| AB, BC | A | Sin AB : R :: tang BC : tang A | Si BC est moindre que 90°. |
| | C | Sin BC : R :: tang AB : tang C | Si AB est moindre que 90°. |
| | AC | R : cos BC :: cos AB : cos AC | Si AB et BC sont de même espèce. |
| AB, A | C | R : cos AB :: sin A : cos C | Si AB est moindre que 90°. |
| | AC | R : cos A :: cot AB : cot AC | Si AB et A sont de même espèce. |
| | BC | R : sin AB :: tang A : tang BC | Si A est moindre que 90°. |
| AB, C | A | Cos AB : R :: cos C : sin A | Douteux. |
| | AC | Sin C : sin AB :: R : sin AC | Douteux. |
| | BC | Tang C : tang AB :: R : sin BC | Douteux. |
| BC, AC | A | Sin AC : R :: sin BC : sin A | Si BC est moindre que 90°. |
| | C | Cot BC : cot AC :: R : cos C | Si AC et BC sont de même espèce. |
| | AB | Cos BC : cos AC :: R : cos AB | Si AC et BC sont de même espèce. |
| BC, A | C | Cos BC : R :: cos A : sin C | Douteux. |
| | AC | Sin A : sin BC :: R : sin AC | Douteux. |
| | AB | Tang A : tang BC :: R : sin AB | Douteux. |
| BC, C | A | R : cos BC :: sin C : cos A | Si BC est moindre que 90°. |
| | AC | R : cos C :: cot BC : cot AC | Si BC et C sont de même espèce. |
| | AB | R : sin BC :: tang C : tang AB | Si C est moindre que 90°. |
| AC, A | C | Cos AC : R :: cot A : tang C | Si AC et A sont de même espèce. |
| | AB | Cos A : R :: cot AC : cot AB | Si AC et A sont de même espèce. |
| | BC | R : sin AC :: sin A : sin BC | Si A est moindre que 90°. |
| AC, C | A | R : cos AC :: tang C : cot A | Si AC et C sont de même espèce. |
| | AB | R : sin AC :: sin C : sin AB | Si C est moindre que 90°. |
| | BC | Cos C : R :: cot AC : cot BC | Si AC et C sont de même espèce. |
| A, C | AC | Tang C : cot A :: R : cos AC | Si A et C sont de même espèce. |
| | AB | Sin A : cos C :: R : cos AB | Si C est moindre que 90°. |
| | BC | Sin C : cos A :: R : cos BC | Si A est moindre que 90°. |

* Cette table se rapporte au triangle ABC de la fig. 177, dans laquelle B est l'angle droit.

Les proportions que renferme cette table sont toutes fondées sur les deux principes enseignés (**349** et **351**) et appliquées, soit immédiatement au triangle ABC, soit aux triangles complémentaires, puis transportées au triangle ABC. Par exemple, la première est la proportion même du n° **349** ou du n° **350** appliquée immédiatement au triangle ABC, en renversant seulement les deux rapports. La seconde est la proportion du n° **351** appliquée au triangle complémentaire CED, dans lequel on a R : sin DE :: tang D : tang CE, ou, en rapportant au triangle ABC, R : cos A :: cot AB : cot AC, ou, en mettant le premier rapport à la place du second, cot AB : cot AC :: R : cos A.

On trouvera de même les autres proportions que renferme cette table; les inversions qu'on y a faites dans les proportions que donneraient immédiatement les deux principes (**349** et **351**) ne sont pas indispensables; elles n'ont pour objet que de faire que la quantité cherchée soit le quatrième terme de la proportion.

C'est par des triangles sphériques rectangles qu'on calcule les ascensions droites et les déclinaisons des astres, par le moyen de leur longitude et de leur latitude, et réciproquement; mais ce n'est point encore ici le lieu d'exposer les notions d'astronomie que ces objets supposent.

### DES TRIANGLES SPHÉRIQUES OBLIQUANGLES.

**354.** Les triangles sphériques rectangles se résolvent, dans tous les cas, par une seule analogie, ainsi qu'on vient de le voir. Il n'en est pas de même des triangles sphériques obliquangles; dans plusieurs cas, il faut faire deux analogies. Ces cas exigent qu'on abaisse, de l'un des angles du triangle proposé, un arc de grand cercle, perpendiculairement sur le côté opposé. Comme cet arc peut tomber ou sur le côté même, ou sur le prolongement de ce côté, selon les différents rapports de grandeur des côtés et des angles, il convient, avant d'établir les principes de la résolution de ces sortes de triangles, de faire distinguer les cas où l'arc perpendiculaire tombe en dedans du triangle, de ceux où il tombe au dehors.

**355.** *L'arc de grand cercle* AD (fig. 180) *abaissé perpendiculairement de l'angle* A *d'un triangle sphérique, sur le côté opposé,* *tombe dans le triangle quand les deux autres angles* B *et* C *sont de même espèce, et au dehors quand ils sont de différente espèce.*

Car dans les triangles rectangles ADC, ADB (fig. 180) les deux angles B et C doivent être chacun de même espèce que le côté opposé AD (344); donc ils doivent être de même espèce entre eux.

Dans les triangles rectangles ADC, ADB de la figure 181, les angles ACD, ABD doivent être de même espèce chacun que le côté opposé AD; donc, puisque ABC est supplément de ABD, ABC et ACD doivent être de différente espèce.

### PRINCIPES POUR LA RÉSOLUTION DES TRIANGLES SPHÉRIQUES OBLIQUANGLES.

**356.** La résolution de tous les cas possibles des triangles sphériques obliquangles porte sur cinq principes que nous allons faire connaître, et sur la résolution des triangles rectangles; tous ces principes ne sont pas nécessaires à la fois pour chaque cas, mais ils le sont pour être en état de les résoudre tous.

De ces cinq principes, nous en avons déjà établi deux; ce sont ceux qui sont énoncés aux nos **336** et **349**; voici les trois autres :

**357.** *Dans tout triangle sphérique* ABC (fig. 179), *si d'un angle* A *on abaisse l'arc de grand cercle* AD *perpendiculairement sur le côté opposé* BC, *on aura toujours cette proportion : Le cosinus du segment* BD *est au cosinus du segment* CD, *comme le cosinus du côté* AB *est au cosinus du côté* AC.

Soit G le centre de la sphère : du sommet de l'angle A abaissons, sur le plan BGC de l'arc BC la perpendiculaire AI; elle sera dans le plan AGD de l'arc AD. Conduisons par AI les deux plans AIE, AIF, de manière que les rayons GB, GC leur soient respectivement perpendiculaires; et du point D, menons les perpendiculaires DH, DK sur les mêmes rayons.

Les triangles GIE, GDH seront semblables, à cause des lignes IE, DH perpendiculaires sur GB; par une raison semblable, les triangles GDK, GIF sont semblables. On a donc ces deux proportions

GH : GE :: GD : GI

et GK : GF :: GD : GI.

Donc, à cause du rapport commun de GD à GI, on a GH : GE :: GK : GF. Or, GH est le cosinus de BD (**270**), GE le cosinus de AB, GK le cosinus de CD et GF celui de AC; donc cos BD : cos AB :: cos CD : cos AC, ou en mettant le troisième terme à la place du second, et le second à la place du troisième,

cos BD : cos CD :: cos AB : cos AC.

**358.** *Les mêmes choses étant supposées que dans la proposition précédente, on a cette autre proportion : Le sinus de* BD *est au sinus de* CD, *comme la cotangente de l'angle* B *est à la cotangente de l'angle* C.

Car les angles AEI, AFI sont égaux aux angles B et C chacun à chacun, ainsi que nous l'avons vu dans la démonstration du n° **349** : donc, puisque les triangles AIE, AIF sont rectangles, les angles EAI, FAI sont compléments des angles AEI, AFI, et par conséquent des angles B et C.

Cela posé, dans le triangle AEI, on a (**296**)

R : tang EAI ou cot B :: AI : IE;

et dans le triangle rectangle AIF, on a

tang AIF ou cot C : R :: IF : AI;

donc (**100**) cot C : cot B :: IF : IE.

Mais les triangles semblables GFI, GDK, et les triangles semblables GEI, GHD donnent

IF : DK :: GI : GD

et IE : DH :: GI : GD;

donc IF : DK :: IE : DH

ou IF : IE :: DK : DH.

Donc aussi cot C : cot B :: DK : DH; or, DK et DH sont les sinus des segments DC et DB; donc enfin

cot C : cot B :: sin DC : sin DB.

**359.** *Dans tout triangle sphérique* ABC (fig. 180) *si d'un angle* A *on abaisse l'arc perpendiculaire* AD *sur le côté opposé* BC, *on a cette proportion : La tangente de la moitié du côté* BC *est à la tangente de la moitié de la somme des deux autres côtés, comme la tangente de la moitié de leur différence est à la tangente de la moitié de la différence des deux segments* CD, BD, *ou* (fig. 181) *à la tangente de la moitié de leur somme.*

On vient de voir (357) que

$$\cos AB : \cos AC :: \cos BD : \cos CD;$$

donc (98)

$$\cos AB + \cos AC : \cos AB - \cos AC :: \cos BD + \cos CD : \cos BD - \cos CD;$$

mais (287)

$$\cos AB + \cos AC : \cos AB - \cos AC :: \cot \frac{AC+AB}{2} : \text{tang}\, \frac{AC-AB}{2};$$

et par la même raison

$$\cos BD + \cos CD : \cos BD - \cos CD :: \cot \frac{CD+BD}{2} : \text{tang}\, \frac{CD-BD}{2};$$

donc

$$\cot \frac{AC+AB}{2} : \text{tang}\, \frac{AC-AB}{2} :: \cot \frac{CD+BD}{2} : \text{tang}\, \frac{CD-BD}{2},$$

ou

$$\cot \frac{AC+AB}{2} : \cot \frac{CD+BD}{2} :: \text{tang}\, \frac{AC-AB}{2} : \text{tang}\, \frac{CD-BD}{2},$$

ou, à cause que (280) les cotangentes sont réciproquement proportionnelles aux tangentes,

$$\text{tang}\, \frac{CD+BD}{2} : \text{tang}\, \frac{AC+AB}{2} :: \text{tang}\, \frac{AC-AB}{2} : \text{tang}\, \frac{CD-BD}{2}.$$

Or, dans la fig. 180, $CD + BD$ est $BC$; et dans la fig. 181, $CD - BD$ est $BC$; donc, pour la fig. 180, on a

$$\text{tang}\, \frac{BC}{2} : \text{tang}\, \frac{AC+AB}{2} :: \text{tang}\, \frac{AC-AB}{2} : \text{tang}\, \frac{CD-BD}{2};$$

et pour la fig. 181, on a

$$\text{tang}\, \frac{CD+BD}{2} : \text{tang}\, \frac{AC+AB}{2} :: \text{tang}\, \frac{AC-AB}{2} : \text{tang}\, \frac{BC}{2},$$

$$\text{ou } \text{tang}\, \frac{BC}{2} : \text{tang}\, \frac{AC+AB}{2} :: \text{tang}\, \frac{AC-AB}{2} : \text{tang}\, \frac{CD+BD}{2}.$$

## RÉSOLUTION DES TRIANGLES SPHÉRIQUES OBLIQUANGLES.

**360.** Les principes que nous venons d'exposer, et la seconde proportion de la table que nous avons donnée pour les triangles rectangles, suffisent pour la résolution des triangles sphériques obliquangles, ou du moins, pour déterminer les sinus ou les tangentes des différentes parties qui les composent. Il y a plusieurs cas où trois choses données suffisent pour déterminer tout le reste ; mais il y en a plusieurs aussi où la question reste indéterminée, parce que ces données ne sont pas suffisantes pour décider si la chose cherchée est moindre ou plus grande que 90°. Cependant, quoiqu'à envisager la chose généralement, le nombre de ces derniers cas soit assez considérable, il est très-rare, dans les usages ordinaires de la trigonométrie sphérique, qu'on ne sache pas de quelle espèce doit être le côté ou l'angle qu'on demande.

Avant que d'entrer en matière, rappelons-nous que le sinus, le cosinus, la tangente et la cotangente d'un angle ou d'un arc, sont les mêmes pour cet angle ou cet arc que pour son supplément.

**361.** On peut réduire le calcul des triangles obliquangles aux six cas que nous allons d'abord résoudre; et nous en déduirons ensuite la résolution des autres.

Question I. *Étant donnés deux côtés* AB, AC *et un angle opposé* B (fig. 180), *trouver l'angle opposé à l'autre côté donné.*

Faites cette proportion (**349**) sin AC : sin AB :: sin B : sin C. L'angle C peut être de plus ou de moins de 90°.

Question II. *Étant donnés deux côtés* AB, AC (fig. 180) *et un angle opposé* B, *trouver le troisième côté* BC.

De l'angle A opposé au côté cherché, imaginez l'arc perpendiculaire AD; et dans le triangle rectangle ADB, calculez le segment BD par cette proportion qui revient au même que la seconde de la table ci-dessus, p. 158,

$$\cos B : R :: \cot AB : \cot BD$$

ou bien par cette autre

$$R : \cos B :: \tang AB : \tang BD$$

qui revient au même, puisque (**280**) les tangentes sont réciproquement proportionnelles aux cotangentes.

Et pour avoir le second segment CD, faites cette autre proportion (**357**) :

$$\cos AB : \cos AC :: \cos BD : \cos CD.$$

Alors, selon que AD tombe dans le triangle ou hors du triangle, vous aurez BC en prenant ou la somme ou la différence de BD et DC.

QUESTION III. *Étant donnés les deux angles* B et C (fig. 180) *et un côté opposé* AB, *trouver le côté intercepté* BC.

De l'angle A opposé au côté cherché BC, imaginez l'arc perpendiculaire AD, et dans le triangle rectangle ADB, calculez BD par la même proportion que dans la question II, savoir :

R : cos B :: tang AB : tang BD.

Pour avoir le second segment CD, faites cette autre proportion (358) :

cot B : cot C :: sin BD : sin CD.

Et pour avoir BC, prenez la somme ou la différence de CD et de BD, selon que la perpendiculaire tombe dans le triangle ou hors du triangle.

QUESTION IV. *Étant donnés deux côtés* AB, BC (fig. 180) *et l'angle compris* B, *trouver le troisième côté* AC.

De l'un A des deux angles inconnus, imaginez l'arc perpendiculaire AD sur le côté opposé BC. Calculez le segment BD par la même proportion que dans la question II :

R : cos B :: tang AB : tang BD.

Retranchez BD du côté connu BC (fig. 180), ou ajoutez-le à ce côté (fig. 181), et vous aurez le segment CD ; alors pour avoir AC faites cette proportion (357) :

cos BD : cos CD :: cos AB : cos AC.

QUESTION V. *Étant donnés deux côtés* AB, BC (fig. 180) *et l'angle compris* B, *trouver l'un des deux autres angles, par exemple l'angle* C.

Du troisième angle A, abaissez l'arc perpendiculaire AD sur le côté opposé BC. Calculez le segment BD par la même proportion que dans la question II :

R : cos B :: tang AB : tang BD.

Retranchez BD du côté connu BC (fig. 180), ou ajoutez-le à ce côté (fig. 181), et vous aurez le segment CD ; et pour avoir l'angle C, faites cette proportion (358) :

sin BD : sin CD :: cot B : cot C.

QUESTION VI. *Étant donnés les trois côtés* AB AC, BC, (fig. 180), *trouver un angle, par exemple l'angle* B.

Ayant imaginé l'arc AD perpendiculaire sur le côté BC adjacent à l'angle cherché, calculez la demi-différence des deux segments BD, DC par cette proportion (359):

$$\text{tang}\,\frac{BC}{2} : \text{tang}\,\frac{AC+AB}{2} :: \text{tang}\,\frac{AC-AB}{2} : \text{tang}\,\frac{CD-DB}{2};$$

ayant trouvé cette demi-différence, retranchez-la de la moitié de BC, et vous aurez (301) le plus petit segment BD. Alors, pour avoir l'angle B vous ferez cette proportion, qui est toujours celle de la question II, mais que l'on a renversée :

$$\text{tang}\,AB : \text{tang}\,BD :: R : \cos B.$$

Si la perpendiculaire devait tomber hors du triangle, la première proportion, au lieu de donner la demi-différence, donnerait la demi-somme : c'est pourquoi il faudrait alors, pour avoir le plus petit segment BD (fig. 181) retrancher la moitié de BC de cette demi-somme, parce que c'est BC qui est la différence des deux segments.

On peut encore résoudre cette question par une règle semblable à celle que nous avons donnée pour un cas analogue dans les triangles rectilignes. Voici cette règle :

Prenez la moitié de la somme des trois côtés ; de cette demi-somme, retranchez successivement chacun des deux côtés qui comprennent l'angle cherché, ce qui vous donnera deux restes.

Alors, au double du logarithme du rayon ajoutez les logarithmes des sinus de ces deux restes, et du total retranchez la somme des logarithmes des sinus des deux côtés qui comprennent l'angle cherché. Le reste sera le logarithme du carré du sinus de la moitié de cet angle. Prenez la moitié de ce logarithme restant, et cherchez à quel nombre de degrés et minutes elle répond dans la table ; ce sera la moitié de l'angle demandé.

Nous démontrerons cette règle dans la troisième partie.

**362**. Ces six cas exposés, voici comment on peut en déduire les six autres.

QUESTION VII. *Étant donnés deux angles* F *et* G (fig. 182) *et un côté opposé* GE, *trouver le côté* EF *opposé à l'autre angle connu* G.

Imaginez le triangle supplémentaire ABC; prenant les suppléments des angles F et G et du côté GE, vous aurez (356) les côtés AC, AB et l'angle B; si vous calculez l'angle C par ce qui a été dit dans la question I, son supplément sera le côté EF (**336**).

Au reste, ce n'est que pour conserver l'analogie avec les cas suivants que nous donnons cette solution; car la question présente se résout immédiatement par la proposition enseignée (**349**), en faisant cette proportion :

$$\sin F : \sin GE :: \sin G : \sin FE.$$

QUESTION VIII. *Étant donnés deux angles* F *et* G (fig. 182) *et un côté opposé* GE, *trouver le troisième angle* E.

Prenez les suppléments des trois choses données, et vous connaîtrez dans le triangle supplémentaire AC, AB, et l'angle B; calculez donc le côté BC par la question II, le supplément de ce côté sera la valeur de l'angle E (**336**).

QUESTION IX. *Étant donnés les deux côtés* EG, EF (fig. 182) *et un angle opposé* G, *trouver l'angle* E *compris entre les deux côtés connus.*

Prenez les suppléments des trois choses données, et dans le triangle supplémentaire ABC vous connaîtrez l'angle B, l'angle C et le côté AB; il s'agira de calculer le côté BC, ce qui se fera par la question III. Le supplément de BC sera la valeur de l'angle E (**336**).

QUESTION X. *Étant donnés deux angles* G *et* E (fig. 182) *et le côté intercepté* GE, *trouver le troisième angle* F.

Prenez les suppléments des trois choses données, et dans le triangle supplémentaire ABC vous connaîtrez AB, BC, et l'angle compris B; il s'agira de calculer AC, ce qui se fera par la question IV. Le supplément de AC sera l'angle demandé F (**336**).

QUESTION XI. *Étant donnés deux angles* G *et* E (fig. 182) *et le côté intercepté* GE, *trouver l'un des deux autres côtés; trouver* FE *par exemple.*

Prenez les suppléments des trois choses données, et dans le triangle supplémentaire ABC vous connaîtrez AB, BC, et l'angle compris B; il s'agira de calculer l'angle C, ce qui se fera par la question V. Le supplément de C sera la valeur du côté FE (**336**).

QUESTION XII. *Étant donnés les trois angles* E, F, G (fig. 182), *trouver l'un des côtés, le côté* EG *par exemple.*

Prenez les suppléments des trois choses données, et dans le triangle supplémentaire ABC vous connaîtrez les trois côtés BC, AC, AB; il s'agira de calculer l'angle B, ce qui se fera par la question VI. Le supplément de B sera la valeur du côté cherché EG (336).

Avant de passer aux exemples, remarquons que quoique plusieurs cas des triangles obliquangles exigent deux analogies, il y a cependant une espèce de triangles obliquangles qui peut toujours être résolue par une seule analogie; ce sont ceux dont un côté est de 90°; car en employant le triangle supplémentaire, ce triangle devient un triangle rectangle.

Donnons maintenant quelques exemples.

Exemple de la question IV. Supposons que le point F (fig. 166) marque la position de Paris sur la terre, le point G celle de Toulon : on sait, par les observations astronomiques, que la latitude de Paris, ou l'arc BF, est de 48° 50′ *; que la latitude de Toulon, ou l'arc GE, est de 43° 7′; et que la différence de longitude entre Paris et Toulon, ou l'arc BE, ou l'angle BAE ou FAG est de 3° 37′. On demande quelle est la plus courte distance de Paris à Toulon ?

Le chemin le plus court pour aller d'un point à un autre sur la surface d'une sphère est l'arc de grand cercle qui passe par ces deux points. Imaginons l'arc FG de grand cercle. Si des arcs AB, AE de 90° chacun, nous retranchons les arcs BF, GE, qui sont de 48° 50′ et 43° 7′, nous aurons les arcs AF, AG de 41° 10′ et 46° 53′. Nous connaîtrons donc, dans le triangle AFG, les deux côtés AF, AG et l'angle compris FAG; il est question de calculer le troisième côté FG.

Représentons le triangle FAG par le triangle ABC (fig. 183), et supposons AB de 41° 10′, BC de 46° 53′, et l'angle B de 3° 37′; alors, selon la règle donnée dans la question IV, je calcule le segment BD par cette proportion :

$$R : \cos 3^\circ 37' :: \tan 41^\circ 10' : \tan BD.$$

Opérant par logarithmes, j'ai

| | |
|---|---|
| log cos 3° 37′...................... | 9,9991342 |
| log tang 41° 10′...................... | 9,9417135 |
| Somme............................ | 19,9408477 |
| log du rayon........................ | 10,....... |
| Reste ou log tang BD ................ | 9,9408477 |

qui, dans la table, répond à 41° 7′; retranchant 41° 7′ de BC, c'est-à-dire de 46° 53′, nous aurons 5° 46′ pour le segment CD.

* Nous négligeons les secondes dans cet exemple.

Pour trouver le côté AC, je fais, conformément à ce qui a été prescrit dans la question VI, cette proportion :

$$\cos 41^\circ 7' : \cos 5^\circ 46' :: \cos 41^\circ 10' : \cos AC.$$

Et opérant par logarithmes, j'ai

| | |
|---|---|
| log cos 41° 10'.................... | 9,8766785 |
| log cos 5° 46'.................... | 9,9977966 |
| *Complément arithmétique* du log cos 41° 7' | 0,1229904 |
| Somme ou log cos AC.............. | 19,9974655 |

D'où par les tables on conclut que AC est de 6° 11', qui, à raison de 20 grandes lieues par degré, valent 124 grandes lieues à très-peu près ; mais en lieues moyennes ou de 25 au degré, cela revient à 154 lieues environ.

Exemple de la question VI. Nous avons dit (138), en parlant de la manière de lever les plans, que nous donnerions les moyens de réduire les angles observés au-dessus ou au-dessous d'un plan horizontal à ceux qu'on observerait dans ce plan même. En voici la méthode.

Supposons que A, B, C (*fig.* 184) soient trois points différemment élevés au-dessus du plan horizontal HE, et imaginons les perpendiculaires B*b*, A*a*, C*c* sur ce plan ; on aura un triangle *abc* dont les sommets *a*, *b*, *c* représentent les objets A, B, C de la manière dont ils doivent être représentés sur une carte.

Supposant qu'on ait pu du point A observer les deux points B et C, on demande ce qu'il faut faire pour déterminer l'angle *a*.

On mesurera au point A l'angle BAC et les angles BA*a*, CA*a* ; le premier peut être mesuré sans aucune difficulté ; à l'égard de chacun des deux autres, de l'angle BA*a*, par exemple, on disposera l'instrument dans le plan vertical qu'on imagine passer par AB, et plaçant un des diamètres horizontalement, par le moyen du fil à plomb qui alors marquera la ligne A*a*, on dirigera l'autre diamètre au point B, et on verra sur l'instrument combien il y a de degrés entre le fil à plomb et le diamètre dirigé au point B, ce qui donnera l'angle BA*a* ; on trouvera de même l'angle CA*a*.

Cela posé, si l'on conçoit que d'un rayon quelconque AD et du point A comme centre, on ait décrit les arcs DF, DG, GF, dans les plans des angles BAC, BA*a*, CA*a*, on aura un triangle sphérique DGF, dans lequel on connaîtra les côtés DF, DG, GF, mesures des angles BAC, BA$a$, CA$a$ qu'on a observés ; l'angle DGF de ce triangle sera égal à l'angle $bac$, puisque les deux droites $ba$, $ac$ étant perpendiculaires à l'intersection A$a$ des deux plans A$b$, A$c$, font le même angle que ces plans, et par conséquent (**320**) un angle égal à l'angle sphérique DGF.

Supposons donc que les angles observés BAC, DA$a$, CA$a$ soient respectivement de 82° 10′, 77° 42′, 74° 24′ ; il s'agit donc (fig. 180) de calculer l'angle B opposé au côté AC de 82° 10′ dans le triangle sphérique ABC, dont les trois côtés AB, AC, BC sont respectivement de 74° 24′, 82° 10′, 77° 42′. Donc, conformément à ce qui a été dit dans la question VI, je calcule la demi-différence des deux segments BD et CD par cette proportion

$$\text{tang}\,\frac{BC}{2} : \text{tang}\,\frac{AC+AB}{2} :: \text{tang}\,\frac{AC-AB}{2} : \text{tang}\,\frac{CD-BD}{2},$$

c'est-à-dire $\text{tang}\,38°51' : \text{tang}\,78°17' :: \text{tang}\,3°53' : \text{tang}\,\frac{CD-BD}{2}$.

Opérant par logarithmes, j'ai

| | |
|---|---|
| log tang 3° 53′...................... | 8,8317478 |
| log tang 78° 17′...................... | 10,6832050 |
| *Complément arithm.* du log tang 38° 51′. | 0,0939569 |
| Somme ou log tang $\frac{CD-BD}{2}$......... | 19,6089097 |

qui répond à 22° 7′.

Retranchant 22° 7′ qui est la demi-différence de la moitié de BC, c'est-à-dire de 38° 51′, nous aurons (**301**) le plus petit segment BD de 16° 44′ ; alors dans le triangle rectangle ADB, pour avoir l'angle B, je fais, conformément à ce qui a été dit dans la question VI, cette proportion

$$\text{tang}\,AB : \text{tang}\,BD :: R : \cos B,$$

c'est-à-dire $\text{tang}\,74°24' : \text{tang}\,16°44' :: R : \cos B$.

Et opérant par logarithmes, j'ai

| | |
|---|---|
| log tang 16° 44′...................... | 9,4780592 |
| log du rayon.......................... | 10,....... |
| *Complément arithm.* du log tang 74° 24′. | 89,4459232 |
| Somme ou log cos B.................. | 108,9239824 |

qui répond à 4° 48′, dont le complément 85° 12′ est la valeur de l'angle B, c'est-à-dire (fig. 181) de l'angle $bac$.

Pour réduire l'angle C à l'angle *c*, on ferait un calcul semblable en supposant qu'on eût observé l'angle ACB, l'angle AC*c* et l'angle BC*c*.

A l'égard du troisième angle *b*, il n'est pas nécessaire de le calculer, parce que le triangle *abc* étant rectiligne, ses trois angles valent deux droits.

### REMARQUE.

En supposant toujours qu'aucune partie d'un triangle sphérique n'est de plus de 180°, on peut déterminer, par une règle assez simple, si ce qu'on cherche doit être moindre que 90°, ou s'il peut indifféremment être plus grand ou plus petit. Voici cette règle :

Si le quatrième terme de l'analogie ou proportion que vous êtes obligé de faire pour résoudre un triangle sphérique est un sinus, l'arc auquel il appartiendra peut indifféremment être de moins ou de plus que 90°, excepté le cas où le triangle étant rectangle, il se trouverait parmi les trois choses connues une qui serait opposée dans le triangle à celle que l'on cherche. Dans ce cas (344) ces deux dernières quantités sont toujours de même espèce entre elles.

Mais si le quatrième terme est un cosinus, ou une cotangente, ou une tangente, alors observez, à l'égard des termes connus de la proportion, la règle suivante. Donnez le signe + au rayon et à tous les sinus, soit que les arcs auxquels ils appartiennent soient plus grands, soit qu'ils soient plus petits que 90°. Donnez pareillement le signe + à tous les cosinus, tangentes et cotangentes des arcs plus petits que 90° ; et au contraire donnez le signe — à tous les cosinus, tangentes et cotangentes des arcs plus grands que 90°. Alors si le nombre des signes — est zéro ou pair, l'arc qui répond au quatrième terme sera toujours moindre que 90° ; il sera au contraire plus grand que 90°, si le nombre des signes — est impair.

Cette règle est fondée, 1° sur la règle pour la multiplication et la division des quantités considérées par rapport à leurs signes ; on verra cette dernière dans l'Algèbre ; 2° sur ce qui a été observé (273 et suiv.) relativement aux sinus, cosinus, etc. des arcs plus petits ou plus grands que 90°.

FIN DES ÉLÉMENTS DE GÉOMÉTRIE.

# TABLE DES MATIÈRES.

FIN DE LA TABLE DES MATIÈRES.

Bézout. Géométrie. Pl. 1.

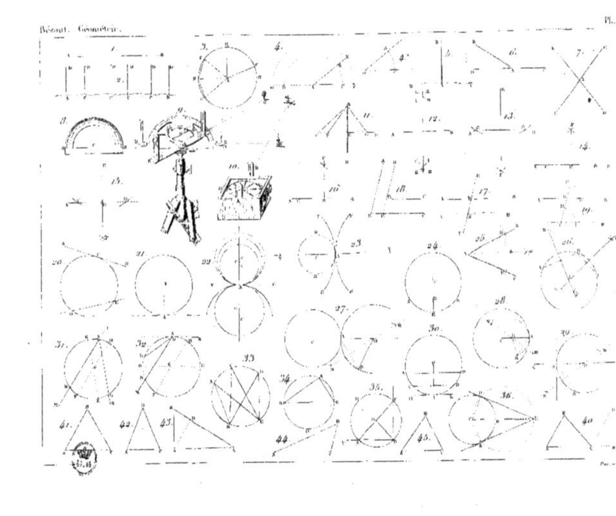

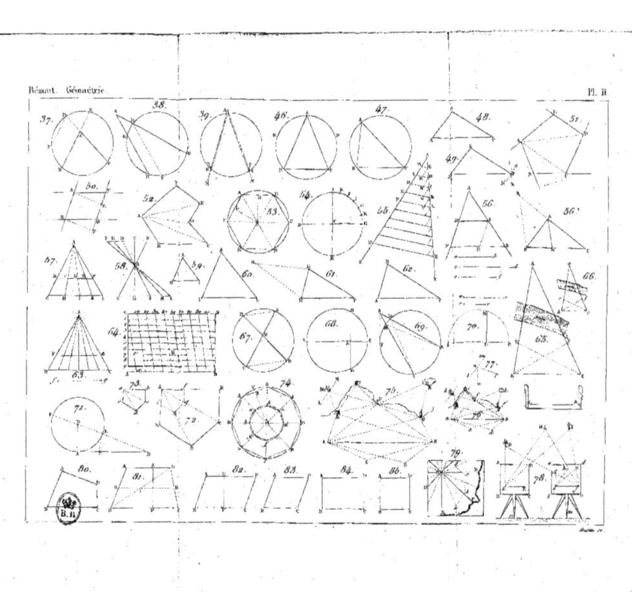

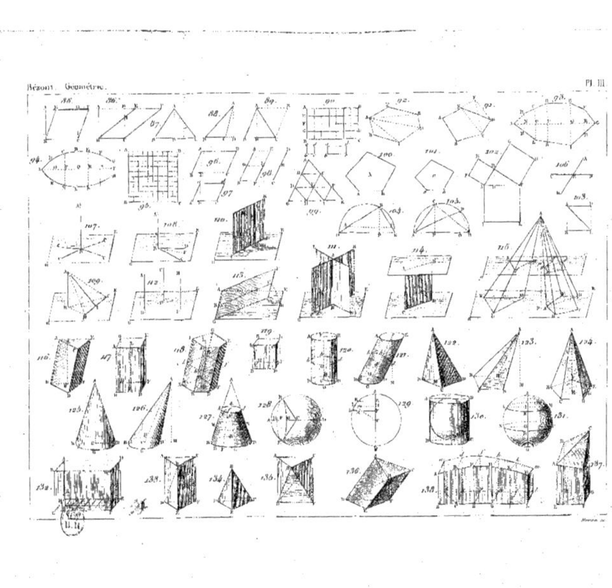
Bézout. Géométrie.
Pl. III.

Bézout. Trigonométrie.
Pl. IV

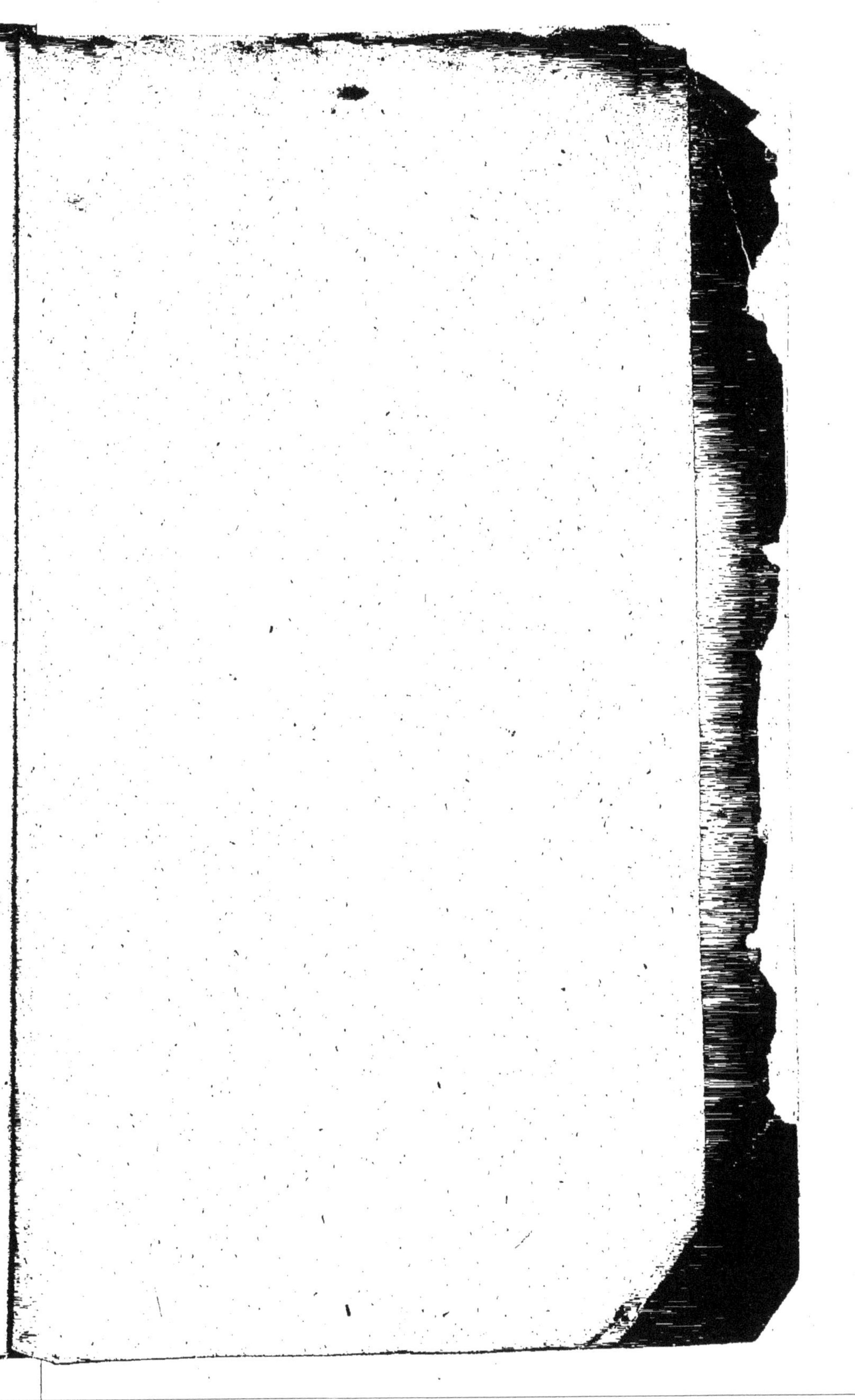

De l'imprimerie de CRAPELET, rue de Vaugirard, 9.

www.ingramcontent.com/pod-product-compliance
Ingram Content Group UK Ltd.
Pitfield, Milton Keynes, MK11 3LW, UK
UKHW021044200726
13857UKWH00003B/822